U0137416

· *The Movements and Habits of Climbing Plants* ·

攀援植物是热带森林特有的特征和主要生长类型，约占据热带森林植物多样性的20%~25%，在适应性、竞争力、生长和繁殖等方面都具有独特的优势；对热带森林的结构、功能、动态和演替过程具有重大的影响，占据着极为显著的地位。

本书列入“十四五”国家重点图书出版规划

科学元典丛书

The Series of the Great Classics in Science

主　　编　任定成

执行主编　周雁翎

策　　划　周雁翎

丛书主持　陈　静

科学元典是科学史和人类文明史上划时代的丰碑，是人类文化的优秀遗产，是历经时间考验的不朽之作。它们不仅是伟大的科学创造的结晶，而且是科学精神、科学思想和科学方法的载体，具有永恒的意义和价值。

科学元典丛书

攀援植物的运动和习性

The Movements and Habits of Climbing Plants

[英] 达尔文 著　张肇骞 译　娄成后 校

北京大学出版社
PEKING UNIVERSITY PRESS

图书在版编目(CIP)数据

攀援植物的运动和习性/（英）达尔文(Darwin, C.R.) 著；张肇骞译；娄成后校. —北京：北京大学出版社，2014.9

（科学元典丛书）

ISBN 978-7-301-24630-6

Ⅰ.①攀… Ⅱ.①达…②张…③娄… Ⅲ.①攀援植物—植物运动—研究 Ⅳ.①S687.3 ②Q945.7

中国版本图书馆 CIP 数据核字（2014）第 185538 号

THE MOVEMENT AND HABITS OF CLIMBING PLANTS
By Charles Robert Darwin
London: J. Murray, 1882

书　　名	攀援植物的运动和习性 PANYUAN ZHIWU DE YUNDONG HE XIXING
著作责任者	[英] 达尔文 著 张肇骞 译 娄成后 校
丛书策划	周雁翎
丛书主持	陈 静
责任编辑	陈 静
标准书号	ISBN 978-7-301-24630-6
出版发行	北京大学出版社
地　　址	北京市海淀区成府路 205 号 100871
网　　址	http://www.pup.cn 新浪微博：@ 北京大学出版社
微信公众号	通识书苑（微信号：sartspku） 科学元典（微信号：kexueyuandian）
电子邮箱	编辑部 jyzx@ pup.cn 总编室 zpup@ pup.cn
电　　话	邮购部 010-62752015 发行部 010-62750672 编辑部 010-62707542
印 刷 者	北京中科印刷有限公司
经 销 者	新华书店
	787 毫米 × 1092 毫米 16 开本 10.5 印张 彩插 8 150 千字 2014 年 9 月第 1 版 2023 年 12 月第 4 次印刷
定　　价	45.00 元

弁　言

· *Preface to the Series of the Great Classics in Science* ·

这套丛书中收入的著作，是自古希腊以来，主要是自文艺复兴时期现代科学诞生以来，经过足够长的历史检验的科学经典。为了区别于时下被广泛使用的“经典”一词，我们称之为“科学元典”。

我们这里所说的“经典”，不同于歌迷们所说的“经典”，也不同于表演艺术家们朗诵的“科学经典名篇”。受歌迷欢迎的流行歌曲属于“当代经典”，实际上是时尚的东西，其含义与我们所说的代表传统的经典恰恰相反。表演艺术家们朗诵的“科学经典名篇”多是表现科学家们的情感和生活态度的散文，甚至反映科学家生活的话剧台词，它们可能脍炙人口，是否属于人文领域里的经典姑且不论，但基本上没有科学内容。并非著名科学大师的一切言论或者是广为流传的作品都是科学经典。

这里所谓的科学元典，是指科学经典中最基本、最重要的著作，是在人类智识史和人类文明史上划时代的丰碑，是理性精神的载体，具有永恒的价值。

一

科学元典或者是一场深刻的科学革命的丰碑，或者是一个严密的科学体系的构架，或者是一个生机勃勃的科学领域的基石，或者是一座传播科学文明的灯塔。它们既是昔日科学成就的创造性总结，又是未来科学探索的理性依托。

哥白尼的《天体运行论》是人类历史上最具革命性的震撼心灵的著作，它向统治西方思想千余年的地心说发出了挑战，动摇了“正统宗教”学说的天文学基础。伽利略《关于托勒密和哥白尼两大世界体系的对话》以确凿的证据进一步论证了哥白尼学说，更直接地动摇了教会所庇护的托勒密学说。哈维的《心血运动论》以对人类躯体和心灵的双重关怀，满怀真挚的宗教情感，阐述了血液循环理论，推翻了同样统治西方思想千余年、被“正统宗教”所庇护的盖伦学说。笛卡儿的《几何》不仅创立了为后来诞生的微积分提供了工具的解析几何，而且折射出影响万世的思想方法论。牛顿的《自然哲学之数学原理》标志着17世纪科学革命的顶点，为后来的工业革命奠定了科学基础。分别以惠更斯的《光论》与牛顿的《光学》为代表的波动说与微粒说之间展开了长达200余年的论战。拉瓦锡在《化学基础论》中详尽论述了氧化理论，推翻了统治化学百余年之久的燃素理论，这一智识壮举被公认为历史上最自觉的科学革命。道尔顿的《化学哲学新体系》奠定了物质结构理论的基础，开创了科学中的新时代，使19世纪的化学家们有计划地向未知领域前进。傅立叶的《热的解析理论》以其对热传导问题的精湛处理，突破了牛顿的《自然哲学之数学原理》所规定的理论力学范围，开创了数学物理学的崭新领域。达尔文《物种起源》中的进化论思想不仅在生物学发展到分子水平的今天仍然是科学家们阐释的对象，而且100多年来几乎在科学、社会和人文的所有领域都在施展它有形和无形的影响。《基因论》揭示了孟德尔式遗传性状传递机理的物质基础，把生命科学推进到基因水平。爱因斯坦的《狭义与广义相对论浅说》和薛定谔的《关于波动力学的四次演讲》分别阐述了物质世界在高速和微观领域的运动规律，完全改变了自牛顿以来的世界观。魏格纳的《海陆的起源》提出了大陆漂移的猜想，为当代地球科学提供了新的发展基点。维纳的《控制论》揭示了控制系统的反馈过程，普里戈金的《从存在到演化》发现了系统可能从原来无序向新的有序态转化的机制，二者的思想在今天的影响已经远远超越了自然科学领域，影响到经济学、社会学、政治学等领域。

科学元典的永恒魅力令后人特别是后来的思想家为之倾倒。欧几里得的《几何原本》以手抄本形式流传了1800余年，又以印刷本用各种文字出了1000版以上。阿基米德写了大量的科学著作，达·芬奇把他当作偶像崇拜，热切搜求他的手稿。伽利略以他的继承人自居。莱布尼兹则说，了解他的人对后代杰出人物的成就就不会那么赞赏了。为捍卫《天体运行论》中的学说，布鲁诺被教会处以火刑。伽利略因为其《关于托勒密和哥白尼两大世界体系的对话》一书，遭教会的终身监禁，备受折磨。伽利略说吉尔伯特的《论磁》一书伟大得令人嫉妒。拉普拉斯说，牛顿的《自然哲学之数学原理》揭示了宇宙的最伟大定律，它将永远成为深邃智慧的纪念碑。拉瓦锡在他的《化学基础论》出版后5年被法国革命法庭处死，传说拉格朗日悲愤地说，砍掉这颗头颅只要一瞬间，再长出这样的头颅100年也不够。《化学哲学新体系》的作者道尔顿应邀访法，当他走进法国科学院会议厅时，院长和全体院士起立致敬，得到拿破仑未曾享有的殊荣。傅立叶在《热的解析理论》中阐述的强有力的数学工具深深影响了整个现代物理学，推动数学分析的发展达一个多世纪，麦克斯韦称赞该书是“一首美妙的诗”。当人们咒骂《物种起源》是“魔鬼的经典”“禽兽的哲学”的时候，赫胥黎甘做“达尔文的斗犬”，挺身捍卫进化论，撰写了《进化论与伦理学》和《人类在自然界的位置》，阐发达尔文的学说。经过严复的译述，赫胥黎的著作成为维新领袖、辛亥精英、“五四”斗士改造中国的思想武器。爱因斯坦说法拉第在《电学实验研究》中论证的磁场和电场的思想是自牛顿以来物理学基础所经历的最深刻变化。

在科学元典里，有讲述不完的传奇故事，有颠覆思想的心智波涛，有激动人心的理性思考，有万世不竭的精神甘泉。

二

按照科学计量学先驱普赖斯等人的研究，现代科学文献在多数时间里呈指数增长趋势。现代科学界，相当多的科学文献发表之后，并没有任何人引用。就是一时被引用过的科学文献，很多没过多久就被新的文献所淹没了。科学注重的是创造出新的实在知识。从这个意义上说，科学是向前看的。但是，我们也可以看到，这么多文献被淹没，也表明划时代的科学文献数量是很少的。大多数科学元典不被现代科学文献所引用，那是因为其中的知识早已成为科学中无须证明的常识了。即使这样，科学经典也会因为其中思想的恒久意义，而像人文领域里的经典一样，具有永恒的阅读价值。于是，科学经典就被一编再编、一印再印。

早期诺贝尔奖得主奥斯特瓦尔德编的物理学和化学经典丛书“精密自然科学经典”从1889年开始出版，后来以“奥斯特瓦尔德经典著作”为名一直在编辑出版，有资料说目前已经出版了250余卷。祖德霍夫编辑的“医学经典”丛书从1910年就开始陆续出版了。也是这一年，蒸馏器俱乐部编辑出版了20卷“蒸馏器俱乐部再版本”丛书，丛书中全是化学经典，这个版本甚至被化学家在20世纪的科学刊物上发表的论文所引用。一般把1789年拉瓦锡的化学革命当作现代化学诞生的标志，把1914年爆发的第一次世界大战称为化学家之战。奈特把反映这个时期化学的重大进展的文章编成一卷，把这个时期的其他9部总结性化学著作各编为一卷，辑为10卷“1789—1914年的化学发展”丛书，于1998年出版。像这样的某一科学领域的经典丛书还有很多很多。

科学领域里的经典，与人文领域里的经典一样，是经得起反复咀嚼的。两个领域里的经典一起，就可以勾勒出人类智识的发展轨迹。正因为如此，在发达国家出版的很多经典丛书中，就包含了这两个领域的重要著作。1924年起，沃尔科特开始主编一套包括人文与科学两个领域的原始文献丛书。这个计划先后得到了美国哲学协会、美国科学促进会、美国科学史学会、美国人类学协会、美国数学协会、美国数学学会以及美国天文学学会的支持。1925年，这套丛书中的《天文学原始文献》和《数学原始文献》出版，这两本书出版后的25年内市场情况一直很好。1950年，沃尔科特把这套丛书中的科学经典部分发展成为“科学史原始文献”丛书出版。其中有《希腊科学原始文献》《中世纪科学原始文献》和《20世纪（1900—1950年）科学原始文献》，文艺复兴至19世纪则按科学学科（天文学、数学、物理学、地质学、动物生物学以及化学诸卷）编辑出版。约翰逊、米利肯和威瑟斯庞三人主编的“大师杰作丛书”中，包括了小尼德勒编的3卷“科学大师杰作”，后者于1947年初版，后来多次重印。

在综合性的经典丛书中，影响最为广泛的当推哈钦斯和艾德勒1943年开始主持编译的“西方世界伟大著作丛书”。这套书耗资200万美元，于1952年完成。丛书根据独创性、文献价值、历史地位和现存意义等标准，选择出74位西方历史文化巨人的443部作品，加上丛书导言和综合索引，辑为54卷，篇幅2 500万单词，共32 000页。丛书中收入不少科学著作。购买丛书的不仅有“大款”和学者，而且还有屠夫、面包师和烛台匠。迄1965年，丛书已重印30次左右，此后还多次重印，任何国家稍微像样的大学图书馆都将其列入必藏图书之列。这套丛书是20世纪上半叶在美国大学兴起而后扩展到全社会的经典著作研读运动的产物。这个时期，美国一些大学的寓所、校园和酒吧里都能听到学生讨论古典佳作的声音。有的大学要求学生必须深研100多部名著，甚至在教学中不得使用最新的实验设备，而是借助历史上的科学大师所使用的方法和仪器复制品去再现划时代的著名实验。至20世纪40年代末，美国举办古典名著学习班的城市达300个，学员50 000余众。

相比之下，国人眼中的经典，往往多指人文而少有科学。一部公元前300年左右古希腊人写就的《几何原本》，从1592年到1605年的13年间先后3次汉译而未果，经17世纪初和19世纪50年代的两次努力才分别译刊出全书来。近几百年来移译的西学典籍中，成系统者甚多，但皆系人文领域。汉译科学著作，多为应景之需，所见典籍寥若晨星。借20世纪70年代末举国欢庆“科学春天”到来之良机，有好尚者发出组译出版“自然科学世界名著丛书”的呼声，但最终结果却是好尚者抱憾而终。20世纪90年代初出版的“科学名著文库”，虽使科学元典的汉译初见系统，但以10卷之小的容量投放于偌大的中国读书界，与具有悠久文化传统的泱泱大国实不相称。

我们不得不问：一个民族只重视人文经典而忽视科学经典，何以自立于当代世界民族之林呢？

三

科学元典是科学进一步发展的灯塔和坐标。它们标识的重大突破，往往导致的是常规科学的快速发展。在常规科学时期，人们发现的多数现象和提出的多数理论，都要用科学元典中的思想来解释。而在常规科学中发现的旧范型中看似不能得到解释的现象，其重要性往往也要通过与科学元典中的思想的比较显示出来。

在常规科学时期，不仅有专注于狭窄领域常规研究的科学家，也有一些从事着常规研究但又关注着科学基础、科学思想以及科学划时代变化的科学家。随着科学发展中发现的新现象，这些科学家的头脑里自然而然地就会浮现历史上相应的划时代成就。他们会对科学元典中的相应思想，重新加以诠释，以期从中得出对新现象的说明，并有可能产生新的理念。百余年来，达尔文在《物种起源》中提出的思想，被不同的人解读出不同的信息。古脊椎动物学、古人类学、进化生物学、遗传学、动物行为学、社会生物学等领域的几乎所有重大发现，都要拿出来与《物种起源》中的思想进行比较和说明。玻尔在揭示氢光谱的结构时，提出的原子结构就类似于哥白尼等人的太阳系模型。现代量子力学揭示的微观物质的波粒二象性，就是对光的波粒二象性的拓展，而爱因斯坦揭示的光的波粒二象性就是在光的波动说和微粒说的基础上，针对光电效应，提出的全新理论。而正是与光的波动说和微粒说二者的困难的比较，我们才可以看出光的波粒二象性学说的意义。可以说，科学元典是时读时新的。

除了具体的科学思想之外，科学元典还以其方法学上的创造性而彪炳史册。这些方法学思想，永远值得后人学习和研究。当代诸多研究人的创造性的前沿领域，如认知心理学、科学哲学、人工智能、认知科学等，都涉及对科学大师的研究方法的研究。一些科学史学家以科学元典为基点，把触角延伸到科学家的信件、实验室记录、所属机构的档案等原始材料中去，揭示出许多新的历史现象。近二十多年兴起的机器发现，首先就是对科学史学家提供的材料，编制程序，在机器中重新做出历史上的伟大发现。借助于人工智能手段，人们已经在机器上重新发现了波义耳定律、开普勒行星运动第三定律，提出了燃素理论。萨伽德甚至用机器研究科学理论的竞争与接受，系统研究了拉瓦锡氧化理论、达尔文进化学说、魏格纳大陆漂移说、哥白尼日心说、牛顿力学、爱因斯坦相对论、量子论以及心理学中的行为主义和认知主义形成的革命过程和接受过程。

除了这些对于科学元典标识的重大科学成就中的创造力的研究之外，人们还曾经大规模地把这些成就的创造过程运用于基础教育之中。美国几十年前兴起的发现法教学，就是在这方面的尝试。近二十多年来，兴起了基础教育改革的全球浪潮，其目标就是提高学生的科学素养，改变片面灌输科学知识的状况。其中的一个重要举措，就是在教学中加强科学探究过程的理解和训练。因为，单就科学本身而言，它不仅外化为工艺、流程、技术及其产物等器物形态，直接表现为概念、定律和理论等知识形态，更深蕴于其特有的思想、观念和方法等精神形态之中。没有人怀疑，我们通过阅读今天的教科书就可以方便地学到科学元典著作中的科学知识，而且由于科学的进步，我们从现代教科书上所学的知识甚至比经典著作中的更完善。但是，教科书所提供的只是结晶状态的凝固知识，而科学本是历史的、创造的、流动的，在这历史、创造和流动过程之中，一些东西蒸发了，另一些东西积淀了，只有科学思想、科学观念和科学方法保持着永恒的活力。

然而，遗憾的是，我们的基础教育课本和科普读物中讲的许多科学史故事不少都是误讹相传的东西。比如，把血液循环的发现归于哈维，指责道尔顿提出二元化合物的元素原子数最简比是当时的错误，讲伽利略在比萨斜塔上做过落体实验，宣称牛顿提出了牛顿定律的诸数学表达式，等等。好像科学史就像网络上传播的八卦那样简单和耸人听闻。为避免这样的误讹，我们不妨读一读科学元典，看看历史上的伟人当时到底是如何思考的。

现在，我们的大学正处在席卷全球的通识教育浪潮之中。就我的理解，通识教育固然要对理工农医专业的学生开设一些人文社会科学的导论性课程，要对人文社会科学专业的学生开设一些理工农医的导论性课程，但是，我们也可以考虑适当跳出专与博、文与理的关系的思考路数，对所有专业的学生开设一些真正通而识之的综合性课程，或者倡导这样的阅读活动、讨论活动、交流活动甚至跨学科的研究活动，发掘文化遗产、分享古典智慧、继承高雅传统，把经典与前沿、传统与现代、创造与继承、现实与永恒等事关全民素质、民族命运和世界使命的问题联合起来进行思索。

我们面对不朽的理性群碑，也就是面对永恒的科学灵魂。在这些灵魂面前，我们不是要顶礼膜拜，而是要认真研习解读，读出历史的价值，读出时代的精神，把握科学的灵魂。我们要不断吸取深蕴其中的科学精神、科学思想和科学方法，并使之成为推动我们前进的伟大精神力量。

任定成
2005 年 8 月 6 日
北京大学承泽园迪吉轩

卷须是指某些植物用来缠绕或附着其他物体的器官。有的卷须是从茎演变而成的，如葡萄和黄瓜的；有的卷须是从叶子演变而成的，如豌豆的。

▶ 黄瓜卷须

◀ 葡萄卷须（陈静　摄）

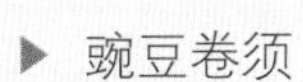

▶ 豌豆卷须

用根攀援的植物，常见的有曼格拉藤、常春藤、爬山虎、匍匐榕等。

▲ 曼格拉藤

▲ 爬山虎

▲ 建筑物外墙上的常春藤

用钩攀援的植物，常见的有猪殃殃、悬钩子、毛菝葜以及一些攀援蔷薇等。

▶ 猪殃殃

▲ 悬钩子

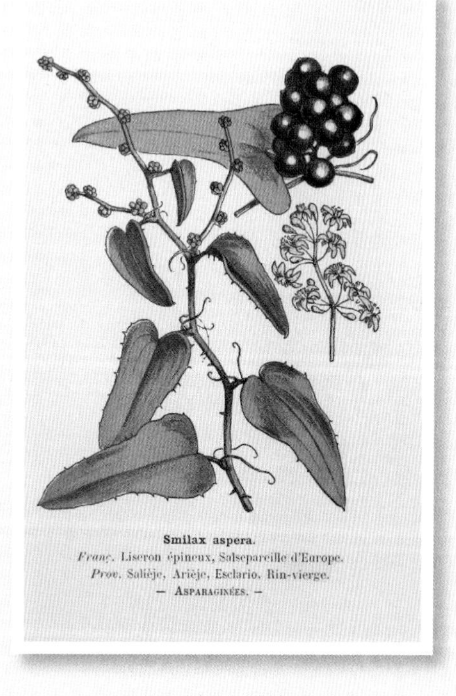

▲ 页边具有钝刺的毛菝葜

攀援植物是热带森林特有的特征和主要生长类型，约占据热带森林植物多样性的20%~25%，在适应性、竞争力、生长和繁殖方面都具有独特的优势；对热带森林的结构、功能、动态和演替过程具有重大的影响，占据着极为显著的地位。

在植物分类学中，并没有攀援植物这一门类，这个称谓是人们对具有类似爬山虎这样生长形态的植物的形象叫法。学术上一般称之为藤本植物。藤本植物的生物量只占森林总生物量很小的一部分（通常小于5%），却可以产生大量的凋落叶（可高达占森林凋落叶总量的40%），这些凋落叶在森林的养分循环中起着重要的作用并可能惠及支撑藤本植物的乔木。

◀ 藤本植物由于其特殊的生存对策，它们可以在森林的不同地方扎根获取养分和水分等地下资源，并为获取光资源而在林中穿行。（耿协峰　摄）

▶ 中国科学院西双版纳热带植物园藤本园

▲ 北京大学静园的紫藤

藤本花卉，简称藤花，泛指具有观赏价值和绿化功能的藤本植物。狭义藤花在中国专指紫藤。藤本植物既有草本的，也有木本的；有落叶的，也有常绿的；是一个较大的生态类群，分属于不同的科属。据不完全统计，我国可栽培利用的藤本植物约有1000余种。

◀ 肖紫葳（紫葳科 肖紫葳属）

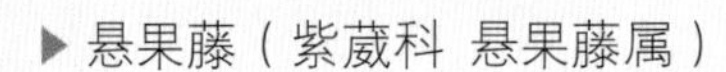

▶ 悬果藤（紫葳科 悬果藤属）

◀ 太阳藤（紫葳科 黄葳属）

▲ 逍遥藤（紫葳科 蒜香藤属），原产巴西

攀援植物在城市绿化方面发挥着重要的作用。利用攀援植物进行垂直绿化，以其占地少、投资少、绿化效益高等诸多优点，成为扩大绿化面积的有效途径之一。它可以减少墙面辐射热，增加空气湿度和降低尘埃。这些优点对于人口密集、可供绿化用地不多、建筑密度较大的城市尤为突出。

目 录

导　读

肖洪兴

（东北师范大学生命科学学院　教授）

• Introduction to Chinese Version •

在历时三年多的研究工作中，达尔文对一百多种攀援植物进行了观察和研究，对其中42个物种的攀援类型、运动习性进行了较为细致的观察和生动的描述。根据攀援器官和攀援方式的不同，将其分为缠绕植物、用叶攀援植物、具卷须植物、钩刺附属器官和根系攀援植物等四种类型，分别加以论述。根据观察，达尔文发现依靠钩刺和根系来进行攀援的植物都没有表现出运动行为。因此，在达尔文的著作中，所讨论的“攀援植物”主要指缠绕植物、用叶或茎形成的变态器官进行攀援的植物。而事实上，那些依靠植物体上的刺钩或气生根进行攀援的植物也属于攀援植物。

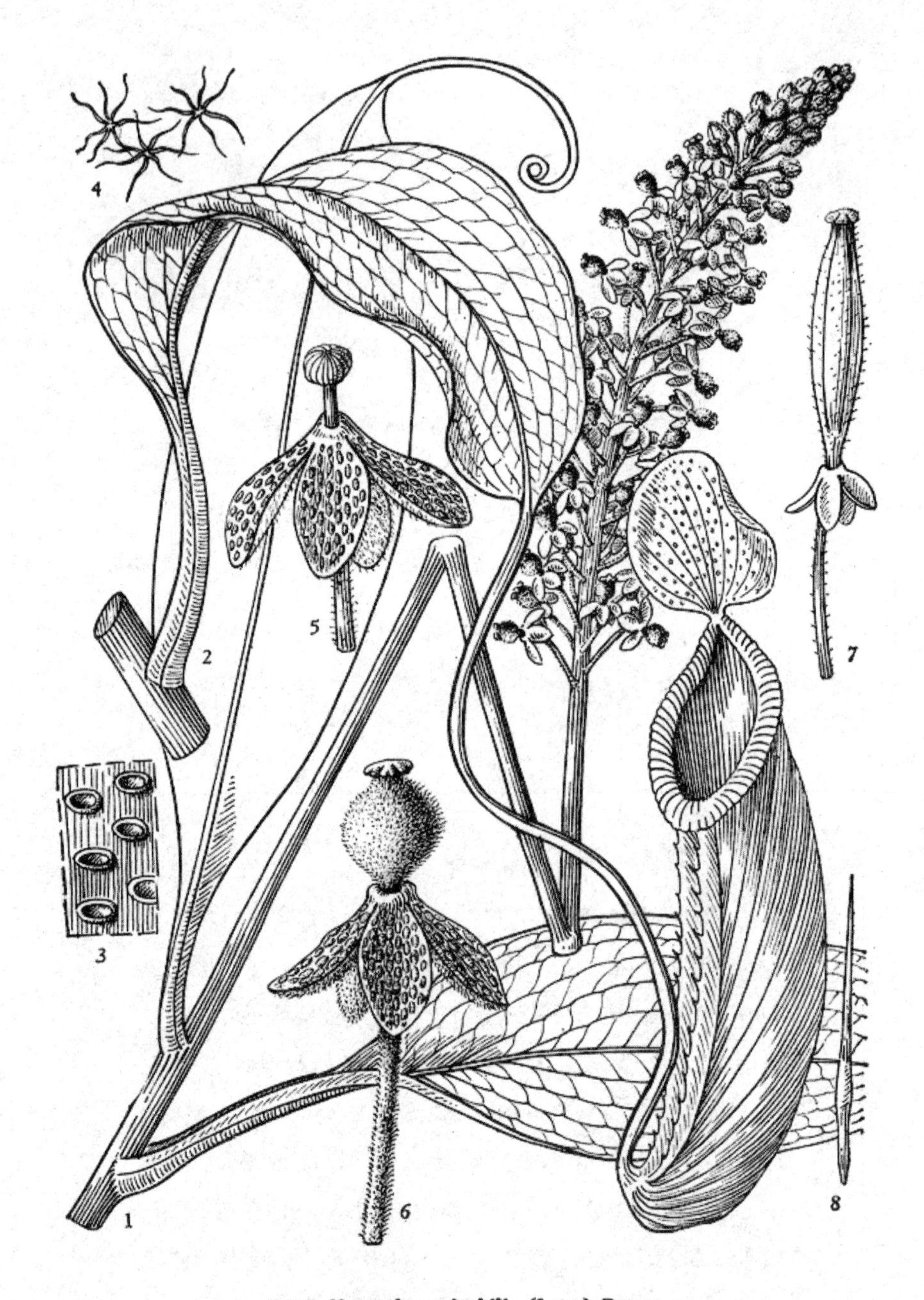

猪笼草 *Nepenthes mirabilis* (Lour.) Druce:

1.雌花枝； 2.叶； 3.瓶盖腹面一部分； 4.星状毛； 5.雄花；
6.雌花； 7.果实； 8.种子。(余汉平绘)

查尔斯·达尔文(Charles Robert Darwin,1809—1882)1809年出生在饱享盛誉的医生世家,从小就喜欢搜集动植物和矿物标本,对大自然具有浓厚的兴趣。由于家族希望将来能够子承父业,1825年,达尔文被送入爱丁堡大学(University of Edinburgh)医学系学习。结果,适得其反,达尔文不但对医学知识没有太大兴趣,还极度厌恶外科手术。他仍然经常到野外采集动植物标本,并逐渐对自然史产生了兴趣。1826年,达尔文加入了专注博物学研究的普林尼学会(Plinian Society),师从支持拉马克学说的生物学家罗伯特·格兰特(Robert Edmund Grant)。随后,达尔文与格兰特的团队一起,对潮间带海洋动物的生命周期和同源器官进行研究。达尔文还跟随博物学家、矿物学家罗伯特·詹姆森(Robert Jameson,1774—1854)学习地质学和植物分类学,并为爱丁堡大学博物馆收集标本。

在爱丁堡求学期间,达尔文努力学习植物学、动物学等多个领域的知识,涉猎甚广,极大地扩展了视野。这些宝贵的经历,为达尔文今后的研究工作奠定了坚实的基础,对学术观点的形成具有不可忽视的重要作用。达尔文的父亲发现儿子在医学方面没有任何进步之后,极为震怒,中断了他在爱丁堡大学的学习,于1828年将达尔文送入剑桥大学基督学院(Christ's College, University of Cambridge)攻读人文学士(Bachelor of Arts)课程。在剑桥大学求学期间,达尔文不但获得了优等成绩,还热衷于倾听自然科学类的讲座和报告,阅读了大量的自然科学书籍,并花费了很多时间来搜集植物和动物标本。在学习过程中,达尔文与植物学家、地质学家,同时精通昆虫学、矿物学和化学的约翰·亨斯洛(John Stevens Henslow)教授建立了深厚友谊,并成为亨斯洛教授最器重的弟子。亨斯洛对达尔文进

◀猪笼草

行了严格的植物分类学研究培训，经常带领达尔文到野外进行实地考察、采集标本，进一步激发了达尔文对植物学的兴趣，为其今后从事植物学方面的研究打下了极为坚实的基础。

在亨斯洛教授的指导、激励和影响之下，达尔文逐渐从一个漫无目的、兴趣广泛的少年成长为一名志向远大、品格坚韧的科学家。可以毫不夸张地说，亨斯洛教授是达尔文在科学之路上的伯乐和领路人。达尔文在《自传》中这样描述与亨斯洛教授的友谊："对我整个一生影响最大的一件事。"

在亨斯洛教授的建议下，达尔文选修了地质学课程，并随数学家、现代地质学奠基人之一的亚当·塞奇威克(Adam Sedgwick，1785—1873)对北威尔士进行了地质考察，学会了发掘、鉴定化石的方法。考察结束后，达尔文接受亨斯洛教授的推荐，以博物学者的身份登上贝格尔号(H. M. S. Beagle)，开始了长达五年时间的环球航行。这次伟大的环球航行彻底改变了达尔文的人生，也从根本上改变了整个人类的思想进程。在这次航行中，千姿百态的植物、绚丽多彩的生命现象更加激发了达尔文深入了解生命现象的研究热情。

与反抗宗教创世说的其他先驱者相比，达尔文从未曾遭受类似哥白尼、伽利略、塞尔维特等科学家所受到的迫害，虽然遭受过恶毒辱骂和攻击，但个人自由与生活并未受到过多限制和干扰。1842 年开始，达尔文在达温(Darwen)的唐恩宅(The Down House)度过了 40 余年安静的隐居生活，直至 1882 年 4 月 19 日安然辞世。在花园温室里、"达尔文的思考小径"(Darwin's Thinking Path)以及书房里进行实验、观察、记录、分析和阅读文献，构思巨著，成为达尔文晚年生活的最主要内容。在唐恩宅隐居期间，达尔文先后完成了《物种起源》《人类和动物的表情》《人类的由来及性选择》等伟大著作和数十篇科学论文。自环球航行之后，达尔文的健康每况愈下，但仍然以病弱的身体，坚持科学研究工作，并撰写出如此众多的鸿篇巨制和科学论文，充分体现出达尔文以科学为毕生追求的伟大精神。

为创建物种进化理论，达尔文积累了大量的数据和材料，潜心筹备了二十余年；而撰写《物种起源》，只利用了上述积累中的很小一部分，尤其是关于植物进化、植物运动等方面的研究资料。达尔文认为，《物种起源》只是物种进化理论的“摘要”，仍需要更多的研究结果和更加透彻的论述来进行阐述和完善，使进化论具有更加强大的信服力。

在其著作和往来书信中，达尔文曾多次提及，植物对外界环境条件的变化非常敏感，具有极为完善的适应性，并不亚于动物。达尔文认为，攀援植物独特的生态类型和高效的营养物质分配策略，毫无疑问是自然选择作用的经典案例之一。因此，他力图用进化论思想，从攀缘植物的生长习性及其生理机能上来解释植物和动物在生命活动上的基本共性。

达尔文开展这项研究的时代背景是 19 世纪初期植物生理学研究的兴起，而达尔文对攀援植物的运动和习性研究主要在 19 世纪中后期开始，其时的学术同行主要有奠基人之一萨克斯(Julius von Sachs，1832—1897)、普菲费尔(Wilhelm Friedrich Philipp Pfeffer)等植物生理学家。达尔文与这些学者一直保持着良好的关系和通信，经常就学术问题进行了讨论。实际上，正是萨克斯发表的两篇论文引起了达尔文对攀援植物的兴趣，从而开始整理以前积累的资料，设计实验，开展对攀援植物形态、习性和运动机理等方面的研究。此后，达尔文用了二十余年时间，设计、操作了一系列至今仍然影响着植物研究的实验。

在完成著作《兰科植物的受精》之后，自 1862 年开始，达尔文以蛇麻草(*Humulus lupulus*)等攀援植物作为对象，观察其旋转和缠绕等生命现象，来研究攀援植物的运动和习性。1862 年 12 月，为了在寒冷的冬季仍然能继续研究攀援植物和食虫植物，达尔文甚至专门修建了一间精致的花房。1863 年冬季，即使在病情恶化的情况下，达尔文仍然坚持到花房进行观察和记录。在进行实验的同时，达尔文一直与胡克(R. Hook)、维奇(Veitch)、奥利弗(D. Oliver)、汤普森(Thompson)等同行科学家进行书信交流，不断寻找新的观察材料，积极征求建议和意见，并坚持查阅关于攀援植物运动研究的文献资料。1864 年秋末，达尔文完成了该项研究的论文，并于 1865 年在林奈学会会报（*Journal of Linnean Society*）第 9 卷中发表了论文《攀援植物的运动和习性》。此后，达尔文对于攀援植物的研究工作并没有停顿，而是又补充了大量数据，并增加了乔治·达尔文（George Darwin）绘制的精美插图。十年后，即 1875 年，出版了单行本。1882 年，《攀援植物的运动和习性》再版，达尔文撰写了《序言的附注》，并纠正了一些谬误。在《攀援植物的运动和习性》出版之后，达尔文分别于 1877 年出版了《同种植物的不同花型》；于 1880 年出版了《植物运动的本领》。这三部著作，是达尔文在植物学方面研究的主要成果，具有深远的影响。

《攀援植物的运动和习性》中译本由张肇骞先生（1900—1972）翻译，1957 年首次出版、发行。张先生是中国著名的植物学家和教育学家，早年师从胡先骕、钱崇澍、邹秉文等著名科学家，长期从事植物分类学等方面的研究工作。张先生求学、治学的时代，经历了长时间的战乱和内乱，在极度艰苦、人人自危的复杂环境中，张先生仍然坚持将科研和教学工作艰难维持下去。1956 年，中国科学院广州分院筹备委员会成立，张先生作为筹委会委员、农业科学组的召集人，同时承担着华南植物园筹备委员会副主任的繁重工作。1957 年开始，张先生带领中国科学院广州分院华南热带生物资源考察队，先后在广东、广西、福建等地对我国华南地区的热带、亚热带资源植物进行综合科考。就是在如此繁重的任务和极其艰苦的工作环境中，张先生还利用有限的时间完成了此书的翻译工作。老一辈科学家的敬业精神由此可见一斑。张先生的译本严谨扎实，浅显易懂，生动简练，彰显了多年积累下的深厚功力，不但适合科研人员学习和参阅，还是一本非常优秀、老少咸宜的科普读物。

达尔文素来喜欢采用简单、明确的实验方法，对大量材料进行观察、比较和研究，并在此基础上从进化的角度来阐述结果，讨论问题。达尔文对植物运动的研究，主要集中在植物生长过程中根、茎、叶和卷须旋转，以及实生苗的回转等运动方式。达尔文推断，导致植物运动的控制条件或原因主要包括地球引力、光和外界的机械刺激等。

在历时三年多的研究工作中，达尔文对一百多种攀援植物进行了观察和研究，对其中 42 个物种的攀援类型、运动习性进行了较为细致的观察和生动的描述。根据攀援器官和攀援方式的不同，将其分为缠绕植物、用叶攀援植物、具卷须植物、钩刺附属器官和根系攀援植物等四种类型，分别加以论述。根据观察，达尔文发现依靠钩刺和根系来进行攀援的植物都没有表现出运动行为。因此，在达尔文的著作中，所讨论的“攀援植物”主要指缠绕植物、用叶或茎形成的变态器官进行攀援的植物。而事实上，那些依靠植物体上的刺钩或气生根进行攀援的植物也属于攀援植物。

在第一章“缠绕植物”中，达尔文从描述蛇麻草茎的缠绕和扭转现象入手，探讨了植物茎旋转运动的性质与茎的攀升方式，同时发现，植物的茎并不具有感应性，从而颠覆了长期以来形成的传统认识。达尔文对比了包括蕨类植物、被子植物在内的多种植物的旋转速度和旋转方向，发现攀援植物在围绕支持物中轴进行的生长和环绕速度存在着很大差别，即使同属的不同物种，其运动速度也不同，而且运动速度不受茎的直径影响。达尔文还发现，植物茎缠绕支持物旋转的方向存在不同，并探讨了以异常方式旋转的物种。在本书中，达尔文没有采用左旋或右旋的定义方法，而是采用了“依照太阳方向”和“背着太阳方向”来定义植物的手性。达尔文描述蛇麻草(*Humulus lupulus*)依照太阳运转方向旋转，而蜡白花(*Ceropegia gardnerii*)则与此相反，攀援逆太阳运转的方向旋转。植物旋转方向可以用手性来进行定义，即左、右和中性。但是，即使现在，学术界对植物茎缠绕方向的具体定义仍然比较混乱。不过，从达尔文的描述可以推断出，依照太阳方向为左手性；逆太阳方向则为右手性。达尔文发现：攀援植物的右手性缠绕比左手性的多；同科内的不同物种有时存在手性相反;同属内的两个物种很少有手性相反的;同一物种的不同个体有时具有不同的手性,这应该是一种特殊的变异;同一个植物体茎的不同部位存在不同的手性。在第一章中,达尔文还讨论了缠绕植物的茎对支持物直径的适应和"挑剔",还发现,缠绕植物的茎长度要比其实际能够到达的高度要长得多,如 2 英尺(约 60.96 厘米)[①]高的菜豆,在茎持续缠绕支持物时,总长度可达 3 英尺以上。毫无疑问,这样的生长将耗费大量的营养物质。缠绕植物虽然是攀援植物中的最大亚类,但与具有卷须的植物相比,缠绕植物仍然是比较原始和简单的。

从第二章开始,达尔文着重讨论依靠具有感应性或敏感器官来攀援的植物。达尔文将此类植物划分成为两个亚类:用叶攀援的植物和具有卷须的植物。达尔文发现,从生态功能角度考虑,用叶攀援的植物在很多方面介于缠绕植物和具有卷须的植物之间。达尔文通过观察发现,不同分类群的物种,实现攀援的手段各不相同。比如,铁线莲属(*Clematis*)、旱金莲属(*Tropaeolum*)和扭柄藤属(*Maurandia*)植物依靠自发旋转和敏感叶柄来进行攀升;红萼花藤属(*Rhodochiton*)和冠子藤属(*Lophospermum*)植物依靠自发运动和对触碰有敏感反应的花梗进行攀援;茄属(*Solanum*)植物利用节间对外界刺激反应比较敏感来进行攀援;洋紫堇属(*Fumaria*)和瓣包果属(*Adlumia*)植物依靠增粗的缠绕叶柄进行攀援;蔓百合属(*Gloriosa*)、山藤属(*Flagellaria*)和猪笼草属(*Nepenthes*)植物则通过延长叶片中脉来进行攀援。其中,8 个科的植物具有缠绕性叶柄,4 个科的植物依靠特化的叶尖来实现攀援;绝大部分物种的幼嫩节间都做有规律的旋转运动,很多物种的节间自发运动和叶柄的敏感性都极度减弱,甚至消失。

在第三章和第四章中,达尔文开始讨论具有卷须植物的攀缘方式和习性。达尔文认为,卷须包括叶和花柄、枝条等的变

---

① 英尺(ft),1 英尺=0.3048 米

态，用叶或卷须进行攀援的植物很可能由缠绕植物进化而来，是由于部分缠绕植物节间具有部分缠绕的能力，经过长期演化，获得了用叶或卷须进行攀援的能力，进而稳定遗传下来。与缠绕植物相比，用卷须进行攀援的植物更加进化，对外界环境的变化和刺激具有更高的敏感性，做出反应的时间更短，对欲缠绕、占据的目标具有更加主动的攻击能力，朝向潜在支持物的追逐和伸展能力都更强。这是进化论思想在植物学研究领域的伟大尝试，因此，全书近一半的篇幅围绕用叶和卷须攀援的植物展开讨论。

达尔文的研究证明，与缠绕植物相比，依靠卷须进行攀援的植物，茎干更加粗壮，卷须的抓握和固着能力更强悍，因而能承受更多枝条，生长数量更多、面积更大的叶片。这些都为其快速生长、获得更多阳光和水分创造了更有利的条件，从而在竞争中处于更有利的地位。达尔文进而推测，依靠卷须攀援的植物是从用叶攀援的植物进化而来，并以大量例证来证明此观点。

在本书第五章，达尔文对猪殃殃（*Galium aparine*）、新西兰悬钩子（*Rubusaus tralis*）等以钩刺附属物攀援的植物进行了研究。由于钩刺的固定能力比较弱，直接影响了攀爬的高度，只能在比较密集的灌木丛中进行攀援，不能展开更大面积的叶片，因而获得阳光和水分的总量较少，茎干的粗壮度也受到很大的影响，且没有表现出自发的旋转。因此，以钩刺附属物进行攀援是更简单、最低效的攀援方式。

达尔文还对曼格拉藤（*Marcgraviaumbellata*）、常春藤（*Hedera helix*）、匍匐榕（*Ficus repens*）等以根攀援的植物进行了观察和研究。达尔文发现，这类植物从茎上发出缠绕根，贴附或包裹树干，且存在异形叶现象。这类植物没有表现出自发运动的能力，甚至其幼嫩的枝条对于光等外界刺激的敏感度都很低。以根攀援的植物适合沿着岩石、树干等地形下部的阴暗区域进行攀升，但无法攀援到更高的层面，不能覆盖全部树冠，因此，效率也较低。而表现出自发运动能力的攀援植物，能稳固地攀援到日光直射的广大面积上，获得更多的养分，将处于更加有利的竞争地位。

在本书的结语部分，达尔文推测，高等植物经过长期演化具有了攀援习性，是为了消耗更少量的营养物质，来使更大面积的叶片获得更多的阳光和大量空气。达尔文从进化论的角度提出，缠绕植物、用叶和卷须攀援的植物几乎都具有自发运动的能力，在一定程度上能够互相转化。达尔文指出，来源完全不同的气生根、茎、叶、花柄、叶中脉等器官或组织，都具有一定的运动能力来进行攀援。最后，达尔文大胆推测，植物界中，几乎每种植物都具有攀援植物所要依赖的旋转能力，只是由于多种原因，没有完全发展、表现出来而已。与动物相比，植物只有在运动对自己有利的时候才能获得和表现出运动能力。

对于攀援植物运动和特性的研究与探讨，是达尔文运用进化论思想来探讨植物学问题的伟大开端，具有非常重要的指导意义。而达尔文在此项研究中观察到的生命现象，如植物体间断感受到外界刺激之后、需要通过物质传递来将信息传递给发生反应的器官等，直接为后来发现植物生长素提供了重要线索和启发。

受达尔文研究的影响，大批学者从不同角度开展了对攀援植物生态功能、结构和生理特征等方面的研究。其中，对攀援植物茎的结构适应性方面的研究比较多。研究结果表明，攀援植物茎的结构在减少支持结构、保持输导功能方面，表现出了结构对功能的适应。因此，攀援植物被认为是研究植物体的结构和功能适应性最好的模型之一。

在 19 世纪下半叶，学者对于攀援植物的结构、机制、生理功能的研究风靡一时，但在 20 世纪大部分时期，并未见太多后续报导。但是，由于藤本植物在森林生态系统的中具有重要作用，关于攀援植物的研究才重新获得了重视。攀援植物是热带森林特有的特征和主要生长类型，约占据热带森林植物多样性的 20%～25%，在适应性、竞争力、生长和繁殖、适应性方面都具有独特的优势；对热带森林的结构、功能、动态和演替过程具有重大的影响，占据着极为显著的地位。因此，对攀援植物的研究具有不可或缺的意义，达尔文先生的著作，即使在今天，也具有重要的启发意义。

序　言

• *Preface* •

在完成著作《兰科植物的受精》之后，自 1862 年开始，达尔文以蛇麻草（*Humulus lapulus*）等攀援植物作为对象，观察其旋转和缠绕等生命现象，来研究攀援植物的运动和习性。1864 年秋末，达尔文完成了该项研究的论文，并于 1865 年在《林奈学会会报》（*Journal of Linnean Society*）第九卷中发表了《攀援植物的运动和习性》。以后，达尔文对于攀援植物的研究工作并没有停顿，而是又补充了大量数据，并增加了乔治·达尔文（George Darwin）绘制的精美插图。十年后，出版了单行本。1882 年，在达尔文逝世前，《攀援植物的运动和习性》再版，达尔文撰写了《序言的附注》，并纠正了一些谬误。

SIR GEORGE DARWIN

这篇文章在1865年首次发表于《林奈学会会报》(*Journal of Linnean Society*)第9卷里。在这里增加一些补充事实,以一个修正过的,并且我希望是更清晰的形式再次出版。那些插图是我的儿子乔治·达尔文(George Darwin)绘制的。在我的文章发表后,弗里茨·米勒(Fritz Müller)寄给林奈学会(林奈学会会报,第9卷,344页)"关于南巴西的攀援植物的有趣观察"),这些观察我将时常提到。近年来雨果·德弗里斯(Hugo de Vries)写过两篇重要论文,主要《关于卷须的上下两侧之间生长的差别》和《关于缠绕植物的运动机理》,已刊登于乌兹堡植物研究所工作报告(*Arbeiten des Botanischen Institute in Würzburg*,第3期,1873年)。每位对这个问题感兴趣的读者最好仔细阅读这两篇论文,因为我这里只能对较重要的地方提供参考。这位著名的观察家,以及萨克斯(Sachs)教授[①],把卷须的一切运动都归因于沿一侧的迅速生长。但是根据我在第四章结尾所指出的理由,我不相信这种说法对于由接触所引起的运动也适用。为了读者便于了解我最感兴趣的地方有哪些,我提请注意某些种具卷须植物,例如,喇叭花藤(*Bignonia capreolata*)、科比亚藤属(*Cobaea*)、野黄瓜属(*Echinocystis*)和亨白莲属(*Hanfurya*),这些植物所表现的适应性,和在自然界的任何地方所能找到的一样完美。还有一件有趣的事,即适合于大不相同功能的器官之间的过渡状态,可以在蔓紫堇(*Corydalis claviculata*)和葡萄藤的同一植株上看到;并且这些事例显著地阐明物种的逐渐演化的原理。

◀达尔文的儿子乔治·达尔文(George Darwin,1845—1912)是天文学家和数学家,曾任英国皇家天文学会会长。

---

① 萨克斯教授著的《植物学教程》的英译本近期(1875年)出版,书名为《植物学教科书》,这本书对于英国所有的自然科学爱好者都很有裨益。

▲ 1–3. 山慈菇（Iphigonia indica Kunth）：1. 植株，2. 雌蕊，3. 花被片和雄蕊；4–5. 嘉兰（Gloriosa superba L）：4. 植株下部，5. 植株上部。（王金凤　绘）

序言附注

（1882 年）

自从本版发行后，由著名的植物学家写的两篇论文曾经刊登出来，即施文德纳（Schwendener）的《植物的缠绕》[《柏林学院月报》（*Monatsberichte der Berliner Akademie*），12 月号，1881 年]，和萨克斯的《对缠绕植物的观察》[乌兹堡植物研究所工作报告，第 2 期，719 页，1882 年]。关于“大多数攀援植物所依赖的旋转能力，在植物界中的几乎每种植物里都是内在的，虽然没有发展起来”这个观点（《攀援植物的运动和习性》，205 页[①]），在《植物的运动》一书中提出过，已经由对回旋转头运动（circamnutation）的观察所证实。

① 指当时的英文版页码。

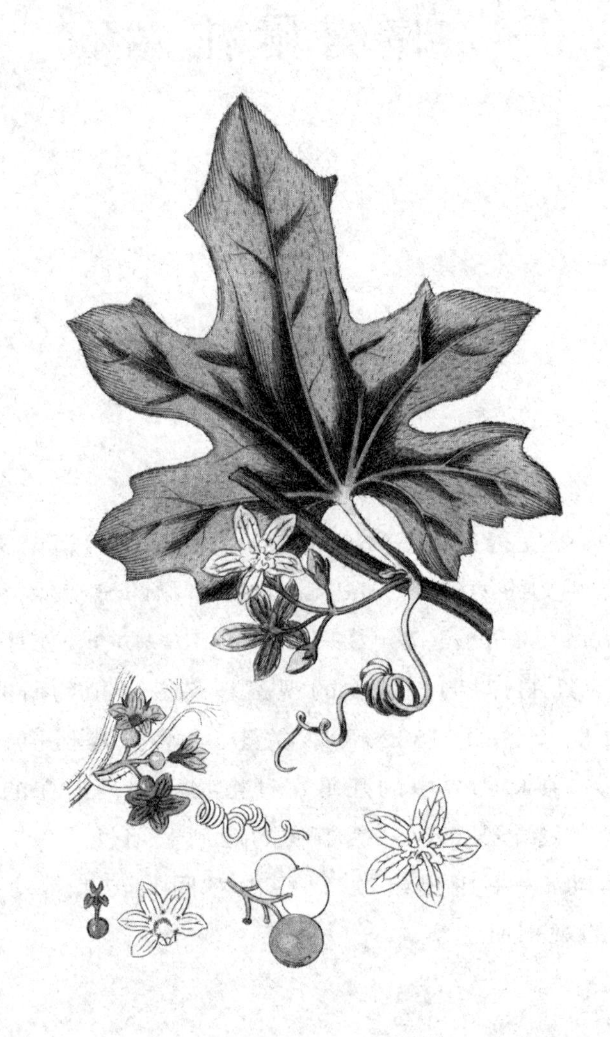

第　一　章

缠绕植物

• *Twining Plants* •

导言——蛇麻草的缠绕的描述——茎的扭转——旋转运动的性质，和上升的方式——茎无感应性——在各种植物中的旋转速度——植物所能缠绕的支持物的粗细——以异常方式旋转的植物种类。

阿萨·格雷(Asa Gray)教授所写的一篇关于一些葫芦科植物的卷须运动的有趣短论文①,引起我对这个课题的注意。攀援植物的茎和卷须的自发旋转这个令人惊奇的现象,早经帕尔姆(Palm)和胡戈·冯·莫尔(Hugo von Mohl)观察过②,并且随后曾是迪托舍特(Dutrochet)③的两篇专著的主题,在我知道这些以前,我的观察已经大部分完成了。然而我相信,我根据100多种大不相同的现存物种所做的观察,包括有足够的新材料,值得发表。

攀援植物可分为四类。第一类,是那些围绕一个支持物作螺旋状缠绕的植物,它们不借助于任何其他运动。第二类,是那些具有敏感器官的植物,当它们和任何物体接触时便将其缠住;这样的器官由变态的叶、枝条或花梗构成。但是这两类有时在一定程度上逐渐相互转变。第三类植物仅靠钩的帮助上升。第四类植物靠细根上升;但是这两类中没有一种植物表现出任何运动,它们因而不大引人注意,并且当我谈到攀援植物的时候,一般指前两大类。

缠绕植物

这是最大的亚类,并且显然是这类植物里原始的和最简单

◀手绘的蛇麻草。

① 美国文理学院纪要(*Proc. Amer. Acad. of Arts and Sciences*),第4卷,8月12日,1858年,98页。

② 帕尔姆,关于植物的缠绕;胡戈·冯·莫尔,关于卷须和攀援植物的结构和缠绕(1827年)。帕尔姆的论文发表仅比冯·莫尔的早数星期。也参考胡戈·冯·莫尔著的《植物的细胞》(Henfney的译本),第147页至末页。

③ 自发旋转运动等,法兰西科学院学报(*Comptes Renduo*),17卷,1843年,989页;茎的旋转研究等,19卷,1844年,295页。

的状态。我的观察最好用几个特殊例证来叙述。当蛇麻草(*Humulus lapulus*)的枝条由地面长出时,先形成的两三个关节或节间是直立的并且保持不动;但是随后形成的节间,还很幼嫩时,便可看出是向一侧弯曲并且依照太阳的方向朝向罗盘的各点缓慢移动着,就像时钟的指针一样。这种运动在很短时间内就达到它的正常的全速。根据在 8 月对从一株砍断植物长出的枝条,和在 4 月对另一植物所做的共 7 次观察,每次旋转的平均速度在炎热天气和在白昼间是 2 小时 8 分钟;并且没有一次旋转的速度与这个平均值产生较大差异。这种旋转运动随着植物继续生长而持续下去;但是每个节间,当其变老时,便停止运动。

为了更精确地查明每个节间进行的运动量,我把一株盆栽植物昼夜放在我因病居住的一间很暖的房间内。一条长枝伸出于支持杆顶端之上,正在稳定地旋转着。于是我取一根较长的支杆并且把这个枝条缚牢,只让一个长达 1.75 英寸[①](4.45 厘米)的很幼嫩的节间自由活动。这个节间几乎是直立的,以致它的旋转动作不容易看得出来;但是它一定在运动,节间原来的凸面变成凹面,这个现象,我们以后将看到,是旋转运动的一个可靠标志。我将假定它在开始的 24 小时内至少旋转了一周。第二天早晨把它的位置标记下来,它在 9 小时内完成第二周旋转;在这个旋转的后期它的动作快得多,在傍晚稍过 3 小时就完成了第三周。第三天早晨我发现这个枝条在 2 小时 45 分钟内旋转一周,它一定在夜里用每周稍过 3 小时的平均速度完成了第四周旋转。我应当附带地说明,室内温度仅有少许变动。这个枝条现在已长到 3.5 英寸,并且在它的顶端具有一个长达 1 英寸的幼嫩节间,这个节间在弯曲度上改变很少。下一个或第九周旋转在 2 小时 30 分钟内完成。从这个时候起,旋转运动便容易看得出来。第三十六周旋转是以一般速度完成的;最后一周

① 英寸(in),1 英寸=2.54 厘米

或第三十七周旋转也是如此，但是没有完成；因为这个节间忽然变成直立，并且在移向中心以后保持不动。我将一个重物系于它的顶端，使它稍向下弯，这样来检查任何运动；但是没有动作。当最后一周旋转完成一半以前不久，这个节间的下部便停止运动。

关于这个节间，还有几句话需要补充。它在 5 天内都在运动；但是较快的运动是在完成第 3 周旋转以后，持续了 3 天 20 小时。从第 9～36 周的正常旋转是用 2 小时 31 分钟的平均速度进行的；但是天气寒冷，这影响室温，尤其在夜里，因而稍微减慢运动的速度。仅有一次不规则的运动，是在茎作过一次异常慢的旋转以后，却快速地转过一周的一部分。在第 17 周旋转后，节间已经从 1.75 英寸（4.45 厘米）长到 6 英寸（15.24 厘米）的长度，并且带有一个长达 1.875 英寸和运动刚可辨识的节间以及一个很小的末端节间。在第 21 周旋转后，末端下第二个节间长达 2.5 英寸，它可能是在 3 小时左右的周期内旋转的。在第 27 周旋转时，下部仍在运动的节间长达 8.375 英寸，末端下第二个节间长达 3.5 英寸，末端节间长达 2.5 英寸；整个枝条很倾斜，使它扫过一个直径 19 英寸的圆周。当运动停止时，下部节间长 9 英寸，末端下第二节间长 6 英寸；所以，从第 27～37 周旋转，有 3 个节间在同时运动。

下部节间当停止旋转时，变得直立而坚硬；但是当让整个枝条没有支持地生长时，它过些时候弯到近于水平的位置，最上部的几个生长节间仍在顶端旋转着，可是当然不再围绕着过去的支杆中心转了。由于枝条顶端的重心位置改变，当它旋转时，向水平伸出的长枝条便有轻微和徐缓的摇摆运动；这种运动我原来还以为是自发的。当枝条生长，它越来越下垂，与此同时那生长着和旋转着的顶端越来越使自己向上举起。

在蛇麻草中我们曾看到三个节间在同时旋转，而且我所观察的大多数植株都有这种现象，所有缠绕植物，如果很健壮，总有两个节间在同时旋转，等到下面的节间停止旋转时，它上面的节间在全速运动，顶端节间刚刚开始运动。另一方面，在球兰

(*Hoga carnosa*)中,一条悬垂的枝条没有任何展开的叶,长达32英寸,包括有7个节间(长1英寸的顶端节间包括在内),在持续地但缓慢地沿半圆周的路线从一边到另一边摇摆着,而顶端的几个节间在做着完全的旋转。这种摇摆运动一定是由于下部一些节间的运动所引起,可是这些下部节间没有足够的力量使得整个枝条围绕中央的支杆旋转。另一种萝藦科植物称为蜡白花(*Ceropegia gardnerii*)的情况值得简略地提一下。我让其顶端近于水平地生长达31英寸的长度;茎这时有三个长的节间,顶端还有两个短的。整个枝条背着太阳的方向旋转(和蛇麻草的方向相反),每次旋转的速度是在5小时15分钟到6小时45分钟之间。顶端因而做成一个直径达5英尺(152.4厘米)以上、圆周为16英尺的圆圈,运行的速度为每小时32英寸或33英寸。当时天气很热,植物放在我的书桌上;观看这个长枝条不分昼夜地绕着这个大圆圈找寻可以缠绕的支持物,真是个有趣的景象。

如果我们握住一根生长的苗木,我们当然可以使它依次地弯向各个方向,这样使其尖端画出一个圆圈,和自发旋转的植物所做的一样。由于这种运动,这株苗木并没有围绕它自己的轴做丝毫的扭转。我之所以提到这点,是因为如果在苗木树皮上涂一个黑点,当苗木折向手持者的时候涂于上侧,当茎弯向各方画一圆圈时,黑点渐渐转过去到了下侧,当圆圈完成时,它又回到上侧;这种情形产生假的扭转形象,在自发转旋植物的情况下这使我一时弄错。这种现象更为骗人,因为几乎一切缠绕植物的轴都是真正扭转的;它们扭转的方向和自发旋转运动一致。举例来说,蛇麻草的节间,它的历程曾经记录过,在开始时,可以从它表面上的棱条看出没有丝毫扭转;但是当它在第37周旋转后长到9英寸的长度,而且它的旋转运动已经停止的时候,它已围绕它自己的轴沿太阳方向扭转了3次;另一方面,普通旋花属植物,它旋转的方向和蛇麻草相反,也向相反方向扭转。

因此,胡戈·冯·莫尔认为轴的扭转引起旋转运动,这并不足为奇；不过蛇麻草的轴仅扭转 3 次却会引起 37 次旋转，这就不可能了。此外，当轴的扭转能够看出以前，旋转运动已经开始于幼嫩节间。一株幼嫩的 *Siphomeris* 和 *Lecontea* 的节间旋转了几天，但是仅围绕它们自己的轴扭转一次。然而，证明扭转不会引起旋转运动，其最好证据是由许多用叶攀援植物和具卷须植物[如豌豆(*Pisum sativa*)、野黄瓜(*Echinocytio lofata*)、喇叭花藤(*Bignonia capreolata*)、悬果藤(*Eccremocarpuo scaber*)，和用叶攀援植物，土豆蔓(*Solanum jaominoideo*)和铁线莲属(*Clematis*)的几个物种]提供的。这些植物植株的节间不扭转，但是，我们随后将看到，它们正规地进行旋转运动，像真正的缠绕植物的节间一样。此外，根据帕尔姆和莫尔以及莱昂(Léon)[①]的观察，有些节间扭转的方向会偶然与同株上的其他节间相反，这甚至是并非罕见的，并且和它们的旋转方向相反；根据莱昂对多花菜豆(*Phaseolus multiflorus*)一个变种的观察，其所有的节间都有这个现象。我曾几次观察到，已经围绕自己的轴扭转的节间，如果它们还没有停止旋转，仍能缠绕于一支持物上。

莫尔曾注意到，当茎缠绕于一根光滑的圆柱上，它不再变得扭转。[②] 因此，我让菜豆攀登一根拉紧的绳索和直径为 0.33 英寸的铁棒及玻璃棒，它们仅仅扭转到螺旋缠绕的机械需要的程度。另一方面，沿普通粗糙木棍上升的茎都是或多或少扭转的，一般扭转多次。支持物的粗糙度对于轴扭转的影响，在缠绕于玻璃棒的茎上可以明显地看出来；因为这些玻璃棒下部是固定于劈开的木棒内，上部系牢于横棒上，茎经过这两处时扭转得很厉害。攀登铁棒的茎一旦到达顶端成为悬空时，它们也变得扭转；这种扭转动作明显地在有风天气比在无风时要快得多。还有些其他事实可以提出，表示轴的扭转与支持物的不平坦程度

---

① 法国植物学会会报(*Bull. Bot. Soc. de France*)，第 5 卷，1858 年，356 页。

② 整个课题曾被雨果·德弗里斯讨论过和解释过(乌兹堡植物研究所工作报告，第三卷，331,336 页)。也参考萨克斯(《植物学教科书》，英译本，1875 年，770 页)，他下结论说："扭转是由于内层已经或开始停止生长，而外层仍在继续的结果。"

有某种关系，也与枝条缺乏支持物而自由旋转有关系。许多非缠绕植物，在某种程度上绕它们自己的轴扭转[①]，但是缠绕植物比其他植物扭转得更普遍，更厉害。看来在缠绕的能力与轴的扭转之间必然存在着某种联系。茎可能由于扭转而增加其坚固程度（与扭转紧的绳索比扭转松的更坚固是同一原理），便因此间接地受益，以便在其螺旋上升中能够越过不平坦处，并且在自由旋转时能够负荷本身的重量[②]。

我曾经提到扭转作用一定遵循由于茎的螺旋上升所引起的机械原理，就是每完成一个螺旋扭转一次。在生活的茎上画些直线，然后让它们缠绕，就可明显表示出来；不过，我在卷须章节中还将再提到这个问题，这里便忽略过去。

曾将缠绕植物的旋转运动与用手握住茎的下部转动时苗木顶端的运动相比过，但存在一个重要区别。当人为地转动时，苗木的上部保持挺直；但是缠绕植物的旋转枝上每一部分都有它自己的各别独立运动。这很容易得到证明，因为当将一条长的旋转枝的下半部或大半系牢于一木棍上，上部自由部分继续稳定地旋转。甚至如果将整个枝条系牢到距顶端一两英寸处，这顶端部分，像我在蛇麻草、蜡白花、旋花属等植物中看到的，还继续旋转，不过要慢得多；因为节间在长到一些长度以前，总是运动缓慢。假如我们观察旋转枝条的一两个或几个节间，将看到它们或在每次旋转的全期或其大部分多少弯成弓形。现在如果先沿凸面涂上有色的线条（用许多缠绕植物这样试验过），在一段时间后（视旋转速度而定），将看到色线沿弯弓的侧面延伸，随

---

① 阿萨·格雷教授在信中告诉我，美国侧柏（*Thuja occidentalis*）的树皮扭转非常明显。扭转一般沿观察者的右侧；但是，观察100棵左右的树干，有四五棵取相反方向。西班牙栗常扭转厉害。关于这个课题，有一篇有趣文章发表于《苏格兰的农民》（*Scottish Farmer*），1865年，833页。

② 众所周知，许多植物的茎偶然以畸形方式螺旋扭转。我在林奈学会上宣读我的论文以后，马克斯韦尔·马斯特斯（Maxwell Masters）博士写信告诉我，“有些情况，如果不是所有的话，是依赖于它们向上生长时所遇到的某些阻力或障碍而定。”这个结论和我关于茎在缠绕粗糙支持物时的扭转所说过的相符合，但是并不排除扭转作用给茎以更大的硬度而对植物有利。

后到凹面,再转到另一侧面,最后又回到凸面。这明显证明,在旋转运动过程中,节间向每个方向进行弓状弯曲。实际上,这种运动是整个枝条的连续自身弓状弯曲,依次指向罗盘的各点。萨克斯贴切地称其为旋转的转头运动。

由于这种运动相当难以理解,最好是举例说明。拿一棵苗木,把它弯向南方,并且涂一条黑线于凸面;让这棵苗木弹直再把它弯向东方,就会看到那条黑线沿着向北的侧面;把它弯向北方,黑线将在凹面;把它弯向西方,黑线又将在侧面;当重新弯向南方时,黑线将在原来的凸面。现在,不是弯曲那棵苗木,而是假定沿枝条北面从基部到顶端的一些细胞生长得比其他三侧面快得多,整个枝条势必会弯向南方;并且让这个纵向生长面绕茎而转移,缓慢地离开北面并且转到西面,再转到南面、东面,重新转到北面。在这种情况下,这个枝条将永远保持着弓状弯曲,所涂黑线出现在上述几个表面上,并且以其顶端依次指向罗盘的各点。实际上,这恰好正是缠绕植物的旋转枝所进行的运动①。

不能指望旋转运动是像上面例证中那样有规律。在很多情况下,顶端画出一个椭圆形,甚至一个很扁的椭圆形。再次回到我们的例证,如果我们假定仅仅苗木的北面和南面交替地迅速生长,顶端将画成一条简单弧线;如果生长先稍微移向西面,当回转时稍微移向东面,就会画出一个窄的椭圆形;而且当苗木经过中间的空间来回移动时,它会是挺直的;在缠绕植物中常可观察到枝条处于完全伸直状态。这种运动常见的情况是,枝条的三面依次地生长得比其余一面更快些;于是画成一个半圆圈而不是圆圈,枝条在它一半的路程中变成挺直而竖立。

当一条旋转枝包括有几个节间时,下部几个节间用同样速度一起弯曲,但是顶端一两个节间用较慢的速度弯曲;因此,虽然有时全部节间都是在同一个方向,另一些时候枝条变得稍呈

① 缠绕植物茎的旋转运动是由于生长这个观点,是萨克斯和雨果·德弗里斯提出的;这个观点的正确性由他们的完善观察所证实。

蜿蜒状。如果由枝条顶端的运动来判断，整个枝条的旋转速度便有时加速，有时减慢。还有一点应当注意，工作者们曾经观察到，许多缠绕植物的枝条顶端完全弯成钩状；例如，在萝藦科中，这种现象很普遍。我所观察的一切例证中，如蜡白花属（*Ceropegia*）、*Sphaerostemma*、海州常山属（*Clerodendron*）、紫藤属（*Wistaria*）、千金藤属（*Stephania*）、木通属（*Akebia*）和 *Siphomeris*，它们的钩状顶端的运动方式恰像其他节间的一样；因为画在凸面上的一条线，先变成侧面的，以后成为凹面的；但是，由于这些顶端节间很幼嫩，钩的反向过程比旋转运动的反向过程要慢些[①]。在幼嫩和柔韧的顶端节间中，这种比其他节间弯曲得更大和更突然的非常显著的倾向，对于植物是有利的；因为这样形成的钩，不仅有时帮助抓住支持物，而且（这好像是更重要的）它使茎顶缠住支持物比用其他方法更紧些，因而可帮助茎在多风天气不致被吹落，如我曾多次观察到的。在阔柄忍冬藤（*Lonicera brachypoda*）里，这种钩仅周期性地伸直，从不向反方向弯曲。我不是要宣称一切缠绕植物的顶端当成钩状时，是按刚才描述的方式或是使它们自己反向或是周期性地伸直；因为钩的形式在有些情况下可能是永久的，而且可能是由于该物种的生长方式所致，如葡萄的枝条顶端，更明显的是青紫葛（*Cissus discolor*）的枝条顶端——它们都不是缠绕植物。

自发旋转运动，或者更严格地说，陆续按次指向罗盘各点的弯曲运动，其第一个目的，如莫尔曾经提到过，是有助于枝条找到一个支持物。由于日夜进行的旋转运动，随着枝条长度增加，有愈益扩大的圆圈被扫过，这会取得惊人的效果。这种运动同样可以解释植物是如何进行缠绕的；因为当一条旋转枝遇到一个支持物时，它的动作必然在接触点受到抑制，但是悬空的伸出部分继续旋转。当这种运动继续下去，越来越高的点与支持物

① 茎端保持钩状的机理似乎是一个困难而复杂的问题，曾为雨果·德弗里斯讨论过，他断定"这取决于扭转速度和转头速度之间的关系。"

接触并且受到抑制。这样一直进行到顶端，枝条便因而缠绕于它的支持物上。当枝条的旋转路线随着太阳的方向时，假定支持物竖立于观察者的前面，它便从右向左缠绕着支持物；当枝条按反方向旋转时，缠绕的路线逆转。当每个节间因衰老而丧失旋转能力时，它同样地丧失了它的螺旋缠绕能力。如果一个人绕着他的头部挥舞一条绳索，并且其顶端撞到一根棒，它将依照挥舞运动的方向缠绕于棒上。一株缠绕植物也是如此，一条生长线围绕着枝条的悬空部分转动，使它弯向相对的一面，这就代替了那条绳索自由顶端的动量。

除帕尔姆和莫尔外，所有曾经讨论过植物的螺旋缠绕的著者们都主张这样的植物具有螺旋式生长的自然趋势。莫尔相信缠绕茎有不很灵敏的感应性，所以它们弯向它们所接触的任何物体；但是这为帕尔姆所反对。甚至在阅读莫尔的有趣文章之前，这种观点在我看来是如此可能，以致我用各种能做到的方法来试验，但是始终得到否定的结果。我用力摩擦许多枝条，远超过引起任何用叶攀援植物的叶柄或卷须的运动所需的程度，但是没有任何作用。我后来将一个轻的分叉细枝捆缚于一棵蛇麻草、蜡白花、*Sphaerostemma* 和鸭嘴花（*Adhatoda*）的枝条上，使小叉仅压在枝条的一侧，并且和它一起旋转；我有意选择一些旋转很慢的植物，因为这些植物好像是最可能从具有感应性得到最大益处；但是在任何情况下都没有效果产生[①]。此外，当一枝条缠绕一个支持物时，我们即将看到，缠绕运动比它自由旋转而没有接触物体时总是要慢些。因此我断定这些缠绕茎没有感应性，而且确实它们不可能是这样，因为自然界总是节约它的手段，何况感应性会是不必要的。然而我不愿意断言它们从不对刺激敏感，因为用叶攀援而不是螺旋缠绕的冠子藤，其生长着的轴肯定是对刺激敏感的；但是这个实例使我相信普通缠绕植物

① 雨果·德弗里斯博士曾经用一个比我所用的更好方法证明，这些缠绕植物的茎是不感应刺激的，并且它们缠绕一个支持物的原因是恰如我曾经描述过的那样。

不具有任何这样的性质，因为放一根棒于冠子藤的旁边，不久，我看到它的行为和一棵真正的缠绕植物或任何其他用叶攀援植物很不一样[1]。

一般认为缠绕植物具有螺旋式生长的自然趋势，这种想法可能起因于它们在缠绕一个支持物时取一个螺旋的形式，而且顶端甚至当保持悬空时，有时也采取这种形式。生长旺盛植物的悬空节间，当它们停止旋转时变成挺直的，没有表现成为螺旋的趋势；但是当一枝条已经差不多停止生长，或是当植物不健壮，其顶端确实偶然变成螺旋状。我曾看到野木瓜属及其近缘的木通属的枝条顶端的这种情况很明显，它们卷曲起来成为一个紧密的螺旋，恰像一条卷须；并且这一现象容易发生在一些不健康的小叶枯萎之后。我相信可以这样解释：在这些情况下，顶端节间的下部很缓慢地而且依次地丧失它们的运动能力，恰在上面的部位继续运动而且依次轮到变成静止不动，并以形成一个不规则的螺旋而告终。

当一条旋转枝条碰到一根棒时，它围棒缠绕要比它旋转慢些。例如，蜡白花属的枝条在 6 小时内旋转一周，但需要 9 小时 30 分钟才围绕一根棒做成一个完全的螺旋；大花马兜铃（*Aristolochiagigao*）在 5 小时左右旋转一周，而需要 9 小时 15 分钟完成它的螺旋。我推测，这是由于在相继各点上运动受阻而连续干扰前进力所致。我们以后将看到，甚至震动一棵植物会使旋转运动减速。蜡白花的一条长而倾斜的旋转枝条的顶端几个节间，在缠绕一根棒以后，经常沿棒上滑，使得螺旋比在开始时更松散些；这可能是部分地由于促使旋转的力量现在几乎脱离了重力的约束而可以自由起作用。另一方面，紫藤的一条长而横伸的枝条在开始时将自己转绕成一个很紧密的螺旋，这个螺旋一直保持不变；但是后来当这个枝条沿它的支持物而上升时，它做成一个比较松散的螺旋。在许多随其自由地沿支持物上升

---

① 雨果·德弗里斯博士说，菟丝子属的茎像卷须一样有感应性。

的植物里，其顶端节间最初做成一个紧密的螺旋；这样的螺旋在有风天气帮助枝条与支持物保持密切接触；但是当其末端下第二节间生长增加了长度，它们把自己绕着支持物向上推进相当距离（用枝上和支持物上的有色标记确定），螺旋于是变得较为松散[①]。

由于这个现象，每片叶在支持物上所占的位置便取决于节间在螺旋缠绕支持物以后的生长情况。我提到这件事是因为帕尔姆（Palm）所做的观察，他陈述说，蛇麻草的对生叶总是在任何粗细的支持物的同一侧恰好上下排成一列。我的儿子们替我观察了一个蛇麻草园，并且汇报说，虽然他们一般看到叶子的着生点在两三英尺高的范围内是相互上下排列的，但是这种排列从不向上出现于棒的全长上；可以预料到，叶子的着生点排列成不规则的螺旋。棒面上任何不平坦处会完全破坏叶子位置的规律性。我偶然观察到，山牵牛（*Thunbergia alata*）植株的对生叶似乎在它们所缠绕的棒上排列成行；于是我种植了12棵植物，并且给它们可以缠绕的粗细不同的支棒以及细绳。在这个实例中，12棵植株里只有一株的叶子排列成垂直线，因而我断定，帕尔姆的说法不完全正确。

各种缠绕植物的叶子在茎上（在茎缠绕之前）排列成互生的，或对生的，或成螺旋状。在后一情况下，叶子着生点的连接线与旋转的路线相符合。这个事实已经由迪托舍特[②]详细叙述过，他看到杜英（*Solanum dulcamara*）的不同个体按相反方向缠绕，并且在每例中各自的叶子都按和缠绕相同的方向螺旋式排列。多叶的密集轮生虽然不适合于缠绕植物，有些著者肯定，没有一种缠绕植物具有这样排列的叶子；但是一种缠绕的*Siphomeris*具有三叶的轮生。

---

① 参见雨果·德弗里斯博士关于这个课题的讨论。

② 法兰西科学院学报，1844年，19卷，295页；自然科学年报（*Annalco des Sc. Nat.*），第三组，植物学部分，第2卷，163页。

如果把一根已经压制住一条旋转枝条但尚未被缠住的支棒突然拿开，这个枝条通常向前弹跳，表示它用一些力量施于支棒上。当一枝条已经围棒缠绕以后，如果撤去支棒，它会保持它的螺旋形式一段时间，随后伸直，再开始旋转。前面提到的蜡白花的长而倾斜的长枝表现出一些奇异的特性。继续在旋转着的大部较老节间，经反应尝试，不能缠绕一根细棍；这表示，运动的能力虽然还保持着，但是它不够使植物起缠绕作用。以后我把那根棍移到较远处，使它同末端下第二节间的顶端相距 2.5 英寸的一点相接触；这根棍以后被末端下第二节间的这个部分和末端节间整齐地围绕住。待这条螺旋缠绕的枝条经过 11 小时以后，我轻轻地撤去支棍，卷曲部分在一天内伸直，并且重新开始旋转；但是末端下第二节间的下部未卷曲部分没有移动，成为分隔同一节间里的运动和静止两部分的转折处。然而在几天以后，这根枝条下部同样地恢复了它的旋转能力。这几件事表明，在一条旋转枝的受抑制的部位，运动能力不是立刻消失的；而且在暂时消失后，它能够恢复过来。当一枝条持续围绕着一根支棒相当长的时期，它便永久地保持着它的螺旋形式，甚至在撤去支持物以后。

当将一根长棒放在使它压住蜡白花的下部坚硬节间的位置，距离旋转中心先是 15 英寸后来为 21 英寸处，挺直的枝条缓慢地逐渐沿棒上滑，因而变得越来越高地倾斜着，但是不越过棒的顶端。在一段足够它完成半个旋转的时间之后，这个枝条忽然从棒跃开，并倒向罗盘的相反一面或点，恢复它早先稍微倾斜的状态。它现在再开始沿它的通常路线旋转，以致在半个旋转以后它又与棒接触，又沿棒上滑，并且又从棒跃开，倒向相反一面。这个枝条的运动，姿态很古怪，好像它不能忍受失败，决心重新再试。我以为，我们如细想一下前面关于苗木的例证，将能理解这种动作。在该例证中，假定苗木的生长面是从北面转到西面，再到达南面，并且又经东面再到北面，使苗木依次向各个方向作弓状弯曲。现在拿蜡白花来说，支棒是放在枝条的南面，并且与它相接触，环行的生长一旦到达西面时，除去会使枝条紧压于支棒外，不会产生什么效应。但是一旦生长作用在南面开始，枝条将会被缓慢拖引着以一个滑动动作沿棒上升；以后当东面生长一旦开始，会使枝条从支棒脱开，并且它的重量配合着改变的生长面的效应，会使它突然倒向相反一面，恢复它早先稍微倾斜的姿态；常规的旋转运动又会和以前一样地进行。我已相当仔细地描述了这个奇特例证，因为它初次使我理解我当时还以为是各个表面收缩的顺序；但是，我们现在根据萨克斯和雨果·德弗里斯的工作知道，这是各个表面一时的迅速生长的顺序，从而使枝条向相反一侧弯曲。

我相信，刚才提到的观点可以进一步解释莫尔观察到的一件事，就是一条旋转枝条虽然可缠绕一个纤细如线的物体，却不能缠绕一个粗的支持物。我把一些长的紫藤旋转枝条靠近一根直径达 5～6 英寸的支柱放置，我虽然用许多办法帮助，它们仍不能缠绕这根支柱。这显然是因为当枝条缠绕于一个像这根支柱这样小弧度的物体上，其生长面转移到枝条的反面时，枝条的弯曲度不够使它固定于它的位置上，因而它在每次旋转中都从它的支持物脱开。

当一悬空的枝条已长到远超过它的支持物时，它因为它的重量而下沉，如已在蛇麻草例证中解释过，其旋转顶端弯曲向上。如果支持物不高，枝便落到地上，停留在那里，顶端上举。有时几根枝条，当其还柔韧时，缠绕在一起结成索状，从而互相支持；单个细而悬垂的枝，如浆果海桐（*Sollya drummondii*）植株的枝条，将向后急弯而缠于它们自己身上。然而有一种缠绕植物，如齿叶希贝（*Hibbertia dentata*），其大多数悬垂枝条仅表现微弱的向上弯曲的倾向。在其他例证中，如隐冠花（*Cryptostegia grandifeora*）植株，原是柔韧而旋转的节间，如果未能缠绕一个支持物，就变得十分坚硬，可支持自己直立着，在其顶端有较幼嫩的旋转节间。

这里适于列表表明缠绕植物的运动方向和速度，附加少量备注。这些植物是按照林德利（Lindley）在 1853 年发表的《植物界》一书的系统排列的；并且它们是从这个系统的各个部分选择出来，用以表示一切种类都以近于一致的方式运动[①]。

各种缠绕植物的转旋速度

无子叶植物

石韦藤(*Lygodium seandeus*)(水龙骨科)植株逆太阳方向运动。

日　期	状　态	时	长	注
6月18日	第一周做成	在6小时	0分钟内	
6月18日	第二周做成	在6小时	15分钟内	(傍晚)
6月19日	第三周做成	在6小时	32分钟内	(天很热)
6月19日	第四周做成	在5小时	0分钟内	(天很热)
6月20日	第五周做成在	在6小时	0分钟内	

关节海金砂(*Lygodium articulatum*)植株逆太阳方向运动。

日　期	状　态	时	长	注
7月19日	第一周做成	在16小时	30分钟内	(茎很幼嫩)
7月20日	第二周做成	在15小时	0分钟内	
7月21日	第三周做成	在8小时	0分钟内	
7月22日	第四周做成	在10小时	30分钟内	

单子叶植物

假叶树(*Ruscus androgynuo*)(百合科)植株放在温室内，逆太阳方向运动。

---

① 我很感谢胡克博士从邱园(Kew)寄给我的许多植物；并感谢皇家引种植物苗圃(Royal Exotic Nursery)的维奇(Veitch)先生慷慨地给我精致的缠绕植物标本。阿萨·格雷教授、奥利弗(Oliver)教授以及胡克博士，和过去多次一样，曾提供给我许多资料和参考文献。

日　期	状　态	时	长	注
5月24日	第一周做成	在6小时	14分钟内	（茎很幼嫩）
5月25日	第二周做成	在2小时	21分钟内	
5月25日	第三周做成	在3小时	37分钟内	
5月25日	第四周做成	在3小时	22分钟内	
5月26日	第五周做成	在2小时	50分钟内	
5月27日	第六周做成	在3小时	52分钟内	
5月27日	第七周做成	在4小时	11分钟内	

天冬属(*Asparagus*)（未定名的种，来自邱园）（百合科）植株，逆太阳运动，放在温室里。

日　期	状　态	时	长	注
12月26日	第一周做成	在5小时	0分钟内	
12月27日	第二周做成	在5小时	40分钟内	

浆果薯蓣(*Tamus communis*)（薯蓣科）。放在温室里的盆栽块茎发出的一条幼嫩枝条，顺太阳运动。

日　期	状　态	时	长	注
7月7日	第一周完成	在3小时	10分钟内	
7月7日	第二周完成	在2小时	38分钟内	
7月8日	第三周完成	在3小时	5分钟内	
7月8日	第四周完成	在2小时	56分钟内	
7月8日	第五周完成	在2小时	30分钟内	
7月8日	第六周完成	在2小时	30分钟内	

智利镜花(*Lapageva rosea*)（Philesiaceae）植株，在温室里，顺着太阳运动。

日　期	状　态	时	长	注
3月9日	第一周完成	在26小时	15分钟内	（茎幼嫩）
3月10日	半周	在8小时	15分钟内	
3月11日	第二周完成	在11小时	0分钟内	
3月12日	第三周完成	在5小时	30分钟内	

日　期	状　态	时	长	注
3月13日	第四周完成	在14小时	15分钟内	
3月16日	第五周完成	在8小时	14分钟内	当放在温室里；但是第二天那枝条保持着静止

绿花百部(*Roxburghia viridiflora*)(百部科)植株，逆着太阳；它在约24小时内完成一周。

双子叶植物

蛇麻草(*Humulus lupunus*)(荨麻科)植株，顺着太阳。当温暖天气时，植物保存在室内。

日　期	状　态	时	长	注
4月9日	第二周做成	在4小时	16分钟内	
8月13日	第三周做成	在2小时	0分钟内	
8月14日	第四周做成	在2小时	20分钟内	
8月14日	第五周做成	在2小时	16分钟内	
8月14日	第六周做成	在2小时	2分钟内	
8月14日	第七周做成	在2小时	0分钟内	
8月14日	第八周做成	在2小时	4分钟内	

在蛇麻草植株里，背光而行时，在1小时33分钟内做成半周；向光而行时，在1小时13分钟内做成半周；其速度相差20分钟。

五叶木通(*Akebia quinata*)(木通科)植株，放在温室里，逆太阳方向运动。

日　期	状　态	时	长	注
3月17日	第一周做成	在4小时	0分钟内	(茎幼嫩)
3月18日	第二周做成	在1小时	40分钟内	
3月18日	第三周做成	在1小时	30分钟内	
3月19日	第四周做成	在1小时	45分钟内	

阔叶野木爪(*Stauntonia latifolia*)(木通科)植株,放在温室里,逆太阳方向运动。

日　期	状　态	时	长	注
3月28日	第一周做成	在3小时	30分钟内	
3月29日	第二周做成	在3小时	45分钟内	

Sphaerostemma marmoratum(南五味子科)植株,顺着太阳方向。

日　期	状　态	时	长	注
8月5日	第一周做成	在24小时	0分钟内	
8月5日	第二周做成	在18小时	30分钟内	

圆叶地不容(*Stephania rotunda*)(防己科)植株,逆太阳运动。

日　期	状　态	时	长	注
5月27日	第一周做成	在5小时	5分钟内	
5月30日	第二周做成	在7小时	6分钟内	
6月2日	第三周做成	在5小时	15分钟内	
6月3日	第四周做成	在6小时	28分钟内	

Thryallis brachystachys(金虎尾科)植株,逆太阳方向运动:一根枝条在12小时做成1周,并且另一根在10小时30分钟内;但是第二天冷得多,第一根在10小时内仅做成半周。

齿叶希贝(*Hibbertia dentata*)(五桠果科)植株,放在温室里,顺着太阳方向,在7小时20分钟内做成1周(5月18日);在19日,逆转它的方向,逆太阳方向在7小时内做成1周,在20日逆太阳运动1/3周,以后停止不动;在26日顺着太阳完成2/3周,以后回到它的起点,在11小时46分钟内完成来回路程。

浆果海桐(*Sollya drummondii*)(海桐花科)植株,放在温室里,逆太阳方向运动。

日　期	状　态	时	长	注
4月4日	第一周做成	在4小时	25分钟内	
4月5日	第二周做成	在8小时	0分钟内	（天很冷）
4月6日	第三周做成	在6小时	25分钟内	
4月7日	第四周做成	在7小时	5分钟内	

Polygonum dumetorum（蓼科）。这个例证是取材于Dutrochet，如我观察到的，没有近缘的植物：顺着太阳。由一棵植物剪下的三根枝条放在水里，在3小时10分钟内、5小时20分钟内以及7小时15分钟内做成数周。

紫藤（*Wistaria chinensis*）（豆科）植株，放在温室里，逆太阳运动。

日　期	状　态	时	长	注
5月13日	第一周做成	在3小时	5分钟内	
5月13日	第二周做成	在3小时	20分钟内	
5月16日	第三周做成	在2小时	5分钟内	
5月24日	第四周做成	在3小时	21分钟内	
5月25日	第五周做成	在2小时	37分钟内	
5月25日	第六周做成	在2小时	35分钟内	

菜豆（*Phaseolus vulgaris*）（豆科）植株，在温室里，逆太阳运动。

日　期	状　态	时	长	注
5月	第一周做成	在2小时	0分钟内	
5月	第二周做成	在1小时	55分钟内	
5月	第三周做成	在1小时	55分钟内	

双腺花（*Dipladenia urophylla*）（夹竹桃科）植株，逆太阳运动。

日　期	状　态	时	长	注
4月18日	第一周做成	在8小时	0分钟内	
4月19日	第二周做成	在9小时	15分钟内	
4月30日	第三周做成	在9小时	14分钟内	

粗节双腺花(*Dipladenia crassinoda*)植株,逆太阳运动。

日　期	状　态	时	长	注
5月16日	第一周做成	在9小时	5分钟内	
9月20日	第二周做成	在8小时	0分钟内	
9月21日	第三周做成	在8小时	5分钟内	

蜡白花(*Ceropegia gardnerii*)(萝藦科)植株,逆太阳运动。

状　态	时	长	注
第一周做成	在7小时	55分钟内	枝条很幼嫩 长2英寸
第二周做成	在7小时	0分钟内	枝条仍幼嫩
第三周做成	在6小时	33分钟内	长的枝条
第四周做成	在5小时	15分钟内	长的枝条
第五周做成	在6小时	45分钟内	长的枝条

多花地不容(*Stephania floribunda*)(防己科)植株,逆太阳运动,在6小时40分钟内做成一周,约在9小时内做成第二周。

球兰(*Hoya carnosa*)(萝藦科)植株,从16小时至22小时或24小时内做成数周。

紫花牵牛(*Ipomoea purpurea*)(旋花科)植株,逆太阳运动。植物放在有斜射光线的房里。

- 在2小时42分钟内做成第一周。在1小时14分钟内做成背光的半周。在1小时28分钟内做成向光的半周。相差14分钟。
- 在2小时47分钟内做成第二周。在1小时17分钟内做成背光的半周。在1小时30分钟内做成向光的半周。相差13分钟。

Ipomoea jucunda(旋花科)植株,逆着太阳运动,放在我的书房内有对着东北方的窗户,天气炎热。

● 在5小时30分钟内做成第一周。在4小时30分钟内，背光做成半周。在1小时内向光做成半周。相差3小时30分钟。

● 在5小时20分内做成第二周(在傍晚：一周完成于下午6时40分)。在3时50分内背光做成半周，在1时30分内向光做成半周。相差2小时20分。

旋花(*Convolvulus sepium*)(大花的栽培品种)植株，逆太阳运动。两周，每周在1小时42分钟内完成。背光和向光做成半周的差是14分钟。

椴叶银背叶(*Rivea tilioefolia*)(旋花科)植株，逆太阳运动，在9小时内做成4周；所以，平均起来，每周在2小时15分钟内完成。

玫红蓝茉莉(*Plumbago rosea*)(矶松科)植株，顺着太阳。枝条长达1码[①]左右时才开始旋转；它后来在10小时40分内做成一周。在后数日中它继续运动，但是不规则。在8月15日，枝条在10小时40分钟内沿一条长而甚为蜿蜒状的路线行进，并且以后做成一个宽椭圆圈。这图形清楚地代表着3个椭圆圈，每圈平均用3小时33分钟完成。

少花素馨(*Jasminum pauciflorum* Benth.)(素馨科)植株，逆太阳运动。第一周在7小时15分钟内做成，第二周较快地做成。

汤氏海州常山(*Clerodendrum thomsonii*)(马鞭草科)植株，顺着太阳。

日期	状态	时	长	注
4月12日	第一周做成	在5小时	45分钟内	(枝条很幼嫩)
4月14日	第二周做成	在3小时	30分钟内	
4月18日	一半周做成	在5小时	0分钟内	(植物在移动时被摇动之后不久)
4月19日	第三周做成	在3小时	0分钟内	
4月20日	第四周做成	在4小时	20分钟内	

澳洲紫葳(*Tecoma jasminoides*)(紫葳科)植株，逆太阳运动。

---

① 码(yd)，1码=91.44厘米

日　期	状　态	时	长	注
3月17日	第一周做成	在6小时	30分钟内	
3月19日	第二周做成	在7小时	0分钟内	
3月22日	第三周做成	在8小时	30分钟内	（天很冷）
3月24日	第四周做成	在6小时	45分钟内	

山牵牛（*Thunbergia alata*）（爵床科）植株，逆太阳运动。

日　期	状　态	时	长	注
4月14日	第一周做成	在3小时	20分钟内	
4月18日	第二周做成	在2小时	50分钟内	
4月18日	第三周做成	在2小时	55分钟内	
4月18日	第四周做成	在3小时	55分钟内	（下午较晚）

鸭嘴花（*Adhatoda cydonoefolia*）（爵床科）植株，顺着太阳。一根嫩枝在24小时内做成半周；随后它在40小时与48小时之间做成1周。然而另一条在26小时30分内做成1周。

米甘菊（*Mikania scandens*）（菊科）植株，逆太阳运动。

日　期	状　态	时	长	注
3月14日	第一周做成	在3小时	10分钟内	
3月15日	第二周做成	在3小时	0分钟内	
3月16日	第三周做成	在3小时	0分钟内	
3月17日	第四周做成	在3小时	33分钟内	
4月7日	第五周做成	在2小时	50分钟内	
5月7日	第六周做成	在2小时	40分钟内	（这一周在用47°F的冷水充分地浇过之后做成的）

银叶风车子（*Combretum argenteum*）（使君子科）植株，逆太阳运动。保存在温室里。

日　期	状　态	时	长	注
1月24日	第一周做成	在2小时	55分钟内	在清早，当室温稍降低时
1月24日	二周，每周平均速度	在2小时	20分钟内	
1月25日	第四周做成在	在2小时	25分钟内	

紫花风车子(*Combretum purpureum*)植株，旋转不像银叶风车子那样快。兜瓣抱蕊(*Loasa aurantiaca*)(刺莲花科Loasaceae)植株，它们的旋转路线有变动，一种背太阳运动的植物。

日　　期	状　　态	时	长	注
6月20日	第一周做成	在2小时	37分钟内	
6月20日	第二周做成	在2小时	13分钟内	
6月20日	第三周做成	在4小时	0分钟内	
6月21日	第四周做成	在2小时	35分钟内	
6月22日	第五周做成	在3小时	26分钟内	
6月23日	第六周做成	在3小时	5分钟内	

另一种顺太阳旋转的植物。

日　　期	状　　态	时	长	注
7月11日	第一周做成	在1小时	51分钟内	天气很热（7月11日四行）
7月11日	第二周做成	在1小时	46内	
7月11日	第三周做成	在1小时	41内	
7月11日	第四周做成	在1小时	48内	
7月12日	第五周做成	在2小时	35分钟内	

长萼花藤(*Scyphanthus elegans*)(刺莲花科)植株，顺着太阳。

日　　期	状　　态	时	长	注
6月13日	第一周做成	在1小时	45分钟内	
6月13日	第二周做成	在1小时	17分钟内	
6月14日	第三周做成	在1小时	36分钟内	
6月14日	第四周做成	在1小时	59分钟内	
6月14日	第五周做成	在2小时	3分钟内	

Siphomeris 或 *Lecontea* 种名未确定(金鸡纳树科)植株，顺着太阳。

日　期	状　态	时	长	注
5月25日	半周做成	在10小时	27分钟内	(枝极幼嫩)
5月26日	第一周做成	在10小时	15分钟内	(枝仍幼嫩)
5月30日	第二周做成	在8小时	55分钟内	
6月2日	第三周做成	在8小时	11分钟内	
6月6日	第四周做成	在6小时	8分钟内	
6月8日	第五周做成	在7	20分钟内	(从温室中取出并且放在我家里的一个房间内)
6月9日	第六周做成	在8小时	36分钟内	

两色火焰草(*Manettia bicolor*)(金鸡纳树科)幼株,顺着太阳。

日　期	状　态	时	长	注
7月7日	第一周做成	在6小时	18分钟内	
7月8日	第二周做成	在6小时	53分钟内	
7月9日	第三周做成	在6小时	30分钟内	

阔叶忍冬(*Lonicera brachypoda*)(忍冬科)植株,顺着太阳,放在住宅里的暖室内。

日　期	状　态	时	长	注
4月	第一周做成	在9小时	10分钟内	(左右)
4月	第二周做成	在12小时	20分钟内	(同棵植物上的另一枝条,很幼嫩)
4月	第三周做成	在7小时	30分钟内	
4月	第四周做成	在8小时	0分钟内	(在这一周里,背光的半周需要5小时23分,向光的半周需要2小时37分,相差2小时46分)

大花马兜铃(*Aristolochia gigao*)(马兜铃科)植株,背太阳运动。

日　期	状　态	时	长	注
7月22日	第一周做成	在8小时	0分钟内	(枝条相当幼嫩)
7月23日	第二周做成	在7小时	15分钟内	
7月24日	第三周做成	在5小时	0分钟内	(左右)

在上表里，包括有属于大不相同的“目”的多种缠绕植物，我们看到环绕中轴进行的生长（由此发生旋转运动）在速度上有很大差别。只要是植物处在同样的环境下，速度常是非常一致的，如蛇麻草、米甘菊属、菜豆属等。长萼花藤在1小时17分钟内做成一次旋转，这是我所看到的最快速度；但是我们以后会看到一株具卷须的金莲花旋转得更快。五叶木通的枝条在1小时30分钟内做成一次旋转，用1小时38分钟的平均速度做成3次旋转；一种旋花属植物用1小时42分钟的平均速度做成两次旋转；菜豆用1小时57分钟的平均速度做成3次旋转。在另一方面，有些植物需要24小时旋转1周，而且鸭嘴花有时需要48小时；可是这后一种植物是有效的缠绕植物。同属的物种用不同的速度运动，这种运动速度似乎不受茎粗细的影响。浆果海桐的枝条是纤细而柔韧得像弦一样，但是比起那似乎不大适于任何运动的假叶树的粗而肉质的枝条来，却运动得更为缓慢。变成木质的紫藤的枝条比草本的牵牛或山牵牛运动得更快。

我们知道，当节间仍然很幼嫩时，还没有达到它们的正常运动速度，所以有时可看到同一棵植物上的几个枝条用不同速度旋转。在子叶以上或一棵多年生植物的宿根以上先形成的两三个甚至更多节间并不运动；它们能够支持它们自己，无需多余的力量。

依照逆太阳或时钟指针的路线旋转的缠绕植物，比依照相反路线进行的为数较多些，因而，大多数植物，如所熟知的，从左向右沿支持物上升。同科的植物偶尔会依相反方向缠绕，虽然很少。莫尔举出豆科的一例，我们在表里另外有爵床科的一例。我从未见到同属的两种植物依相反方向缠绕，这种情况一定很罕见；不过弗里茨·米勒[①]说，虽然米甘菊（*Mikania scandens*）植株，如我曾经描述过的，从左向右缠绕，南巴西产的另一物种却依相反方向缠绕。同种的不同个体，如杜英植株（迪托舍特，

① 《林奈学会会志》（植物部），第9卷，344页。我将有机会时常引用这篇有趣的论文，论文中他改正或证实我所做的各种论述。

第 19 卷，299 页），在两个方向旋转和缠绕，如果过去没有这样的实例出现过的话，那么这会是一种反常现象；然而，这种植物是一种最弱的缠绕植物。兜瓣抱蕊花（莱昂，351 页）提供一个更奇特的事例：我栽培了 17 株植物，其中 8 株逆太阳旋转，从左向右上升；5 株顺着太阳从右向左上升；有 4 株先依一个方向旋转和缠绕，随后逆转它们的路线[①]，对生叶的叶柄作为螺旋逆转的转折点。这 4 株中有 1 株做 7 个从右向左的螺旋旋转，和 5 个从左向右的旋转。同科中另一种植物，长萼花藤，经常进行同样方式的缠绕。我栽种许多棵这种植物，所有的茎在一个方向上进行一次旋转，有时两次或甚至三次旋转，以后伸直上升一段短距离，再逆转它们的路线取相反方向进行一两次旋转。弯曲的逆转可在茎的任何一点上发生，甚至在节间的中部。如果我没有见过这个实例，我会以为它的出现是最不可能的。在任何上升高达数英尺的或生活于一个暴露位置的植物中，这几乎是不可能的；因为茎仅稍加解缠，就容易从支持物脱开；如果节间没有在短时间内变得相当坚固，它根本不能依附。在用叶攀援的植物中，我们不久将看到，类似的事经常发生；不过这些植物的茎靠缠绕的叶柄得到固定，这没有引起什么困难。

在我曾观察过的许多其他旋转和缠绕植物中，我只有两次看到运动逆转现象：一次，并且只是一段很短时间，在一种牵牛（*Ipomoea jucunda*）中；另一次，却在齿叶希贝（*Hibbertia dentata*）中常见。这种植物最初使我十分不解，因为我连续观察它的长而柔韧的、显然很适合于缠绕的枝条，在一个方向做成一整个圆圈、或半个、或四分之一，然后在相反方向。我因而将枝条放在或粗或细的木棍或竖直拉紧的细绳附近，它们好像不断地试图上升，但总是失败。我以后将大量有分叉的小枝放在这棵植物周围，其枝条上升，并且穿过小枝，但是有些枝条从侧面伸出，它们的悬垂顶端很少像缠绕植物中常见的那样向上弯曲。

① 我曾栽种 9 棵杂交种 *Loasa herbertii*，其中 6 棵也逆转它们的螺旋沿支持物上升。

最后我将许多直立的细棍放在第二棵植物的周围，并且把它放在有小枝围着的第一棵植物附近；现在两者都得到它们所喜好的，因为它们缠绕着平行细棍上升，有时缠绕一根，有时几根；枝条还从一盆横着伸到另一盆。但是当植物成长较大时，有些枝条沿直立细棍作正规的缠绕而上升。虽然旋转运动有时在一个方向有时在另一方向，但是缠绕总是从左向右[①]，所以比较有力的或更持久的旋转运动必定是逆太阳路线的。好像这种希贝既适应于靠缠绕上升，也适应于从侧面穿行茂密的澳洲小灌木林。

我稍加详细地描述上面例证，因为据我所知，难得找到缠绕植物的任何特殊的适应作用，在这方面，它们和具有更高级结构的卷须植物大不相同。我们即将看到，杜英仅能缠绕既细又柔韧的茎。大多数缠绕植物适于沿中等粗度的、纵然粗细不同的支持物上升。我们英国产的缠绕植物，据我所曾看到的，从来没有缠绕于树木上的，只有一种甜水花（*Lonicera periclymenum*）除外，我曾看到它沿一棵直径达 4.5 英寸左右的山毛榉幼树缠绕上升。莫尔发现，如把多花菜豆和紫花牵牛植株放在一间从一面透光的室内，不能缠绕一根直径在 3～4 英寸之间的支棒；因为这种光线干扰旋转运动，干扰的方式即将予以解释。然而菜豆在户外能够缠绕上述粗度的支持物，却无法缠绕直径达 9 英寸的支持物。不过，暖温带有些缠绕植物能够应付上述的粗度；因为我听胡克博士说，邱园植物园里假叶树曾缠绕一根直径达 9 英寸的柱子；还有，我栽种于一个小盆里的紫藤，经数星期的尝试，无法环绕一根粗度在 5～6 英寸之间的桩柱，但是邱园植物园里有一棵却沿着直径超过 6 英寸的树干缠绕上升。在另一方面，热带的缠绕植物能够缠绕更粗的树木。我听汤普森（Thompson）和胡克两位博士说，防己科（*Menispermaceae*）的

---

① 关于与希贝同科的另一属，即 *Davilla*，弗里茨·米勒说过（同书，349 页），"其茎无特殊选择地从左向右或从右向左缠绕；我曾经见过一条枝条沿直径约达 5 英寸的树上升，它以兜瓣抱蕊花属常发生的方式逆转它的路线。"

小花紫铆[1]（*Butea parviflora*）和有些黄檀树（Dalbergias）以及其他几种豆科植物[2]就有这种现象。这种能力对于不得不缠绕热带森林里的大树上升的任何物种都是必需的；否则，它们便难于到达有阳光的地方。在我们温带国家里，对每年死去的缠绕植物来说，如果能够缠绕树干，会是有害的。因为它们在一个季节里生长得不够高达树顶而得不到阳光。

我不知道靠什么方式有些缠绕植物适应于仅沿细茎上升，而其他的，能够缠绕较粗的茎。具有很长的旋转枝条的缠绕植物将能够沿粗的支持物上升，据我看这是有可能的；因此我将蜡白花植株放在一根径达 6 英寸的支柱附近，但是那些枝条完全无法将它缠绕；它们相当大的长度以及运动能力仅仅帮助它们找到远处的一条可以缠绕的茎。*Sphaerostemma marmoratum* 是一种繁茂的热带缠绕植物；并且因为它旋转很慢，我以为这后述的条件可以帮助它沿一根粗的支持物上升；可是虽然它能够缠绕一根直径达 6 英寸的支柱，它也仅能在同水平或平面上做到，不能形成一个螺旋而因之上升。

虽然蕨类植物在构造上同显花植物的区别非常大，这里却值得提出，缠绕的蕨类植物在它们的习性上同其他缠绕植物没有区别。在关节海金砂植株里，茎部（严格地应称为轴）在宿根以上初形成的两个节间不能运动；地面上的第三个节间才能旋转，但是最初还是很缓慢的。这个物种是一种缓慢的旋转植物；但是石辛藤植株用每周 5 小时 45 分钟的速度做成 5 周旋转；这个速度适当地代表显花植物中取快的和慢的旋转植物平均所得的通常速度。这种速度因温度增高而加速。在生长的每个阶段，仅上部的两个节间旋转。沿一个旋转节间的凸面所画的一条线，先转到侧面，随后凹面，随后侧面，最后重新回到凸面。节间和叶

---

① 小花紫铆应属于豆科，原文中有误——译者注。

② 弗里茨·米勒说，他有一次看到在南巴西森林里一棵周长约达 5 英尺的树干被一株明显属于防己科的植物螺旋缠绕着。他在给我的信中补充说，在那里缠绕粗大树木的大多数攀援植物是用根攀援的；有些是卷须植物。

柄受到摩擦时都无反应。运动是按通常的方向进行，即逆太阳的路线；并且当茎缠绕一根细棍时，它在同一方向绕自己的中轴而扭转。在幼嫩节间已缠绕一根棍以后，它们的继续生长使它们稍向上滑动。如果不久后将棍撤去，它们就把自己伸直，并且重新开始旋转。悬垂枝条的顶端向上弯曲，并且缠绕于它们自己身上。在所有这些方面，我们看到和缠绕的显花植物完全相同的现象；并且上面列举的情况可作为一切缠绕植物主要特征的概述。

旋转力量与植物的一般健康与茁壮情况有关，帕尔姆曾努力证明这点。但是个别节间的运动是彼此无关的，因此切去一个上部节间不影响下部节间的旋转。然而，当迪托舍特切下蛇麻草植株的两整条枝条，并且把它们放在水内，其运动大为减慢；因为一条在 20 小时内旋转一周，另一条在 23 小时内，而它们应该在 2 小时和 2 小时 30 分钟之间旋转一周。菜豆植株的枝条，当被切下并且放在水内，运动同样减慢，只是程度较小。我曾屡次观察到把一棵植物从花房移到我的住房或从花房的一处移到另一处，总是使运动暂时停止。我因此断定，在自然情况下或露天生长着的植物，在大风暴时，将不能进行它们的旋转运动。温度降低经常使旋转速度减慢很多。但是迪托舍特（第 7 卷，994 和 996 页）关于普通豌豆的这个问题，曾做过很精确的观察，以致我无须再作更多的证明。当将缠绕植物放在室内的窗户附近，在有些情况下，这种光线对旋转运动有显著影响（迪托舍特也用豌豆观察到，598 页），但是影响的程度随不同植物而异。如一种牵牛（*Ipomoea jucunda*）植株在 5 小时 30 分钟内做成一个完整的圆圈，背光的半圈需要 4 小时 30 分钟，向光的仅 1 小时。阔柄忍冬取一个同牵牛花属植物相反的方向旋转，在 8 小时内旋转一周，背光的半周需要 5 小时 23 分钟，向光的仅 2 小时 37 分钟。根据我所观察的所有植物，其旋转速度在夜里和白天是几乎相等的，我推测光线的作用是限于减慢一个半周的速度，加快其他半周的速度，因而不致显著改变整周旋转的速度。当我们回想到在幼嫩而纤细的旋转节间上叶子发育得很小时，光线的这种作用是值得注意的。由于植物学家相信，缠绕植物对于光的作用不大敏感，这就更值得注意了。

我将提出少数零星的奇异事例来结束我对缠绕植物的叙述。在大多数缠绕植物中，所有枝条，不论有多少，一起进行旋转；但是，根据莫尔的看法，浆果薯蓣只有侧枝缠绕，而主茎不能。另一方面，天冬属的一个攀援物种中，只是主茎而不是侧枝旋转和缠绕；但是应当提出，这棵植物生长得并不茂盛。我栽种的银叶风车子和紫花风车子长出许多短而健壮的枝条；但是它们没有显出旋转的迹象，我想象不出这些植物怎么能够是攀援植物；但是到最后银叶风车子从它的一条主枝的下部长出一条长达5～6英尺的细枝，由于它的叶子不发达，在外貌上同以前的枝条有很大区别，这根枝条有力地旋转和缠绕。因而这种植物产生了两种枝条。在南欧杠柳（*Periploca graeca*）植株中，仅那些最上部的枝条缠绕。荞麦蔓（*Polygonum convolouluo*）植株只在仲夏缠绕（帕尔姆，43页，94页）；在秋季生长旺盛的植株没有显出攀援的倾向。萝藦科的大多数植物是缠绕植物；但是黑马利筋（*Aselepias nigra*）“仅在较肥沃的土壤里，靠刚出现的缠绕茎上升。”（维尔德诺的话，帕尔姆引用并且证实，41页）另一种马利筋（*A. vineetoxicum*）不进行有规律的缠绕，但是当生长在某种环境下，才偶然这样做（帕尔姆，42页；莫尔，122页）。据哈维（Harvey）教授告诉我，蜡白花属的两个物种便是如此，因为这两种植物在它们的干燥南部非洲原产地，一般是直立生长，高达6英寸到2英尺——很少几株较高的植物显出弯曲的倾向；但是当栽培于都柏林附近时，它们有规律地缠绕高达5～6英尺的支棒上升。大多数旋花科植物是完善的缠绕植物；但是在南非洲拟银背藤（*Ipomoea argyraideo*）几乎总是直立并密集地生长，高达12～18英寸左右，在哈维教授的采集中仅一个标本显出明显的缠绕倾向。另一方面，在都柏林附近栽种的幼苗能够缠绕高达8英尺以上的支棒。这些事实值得注意。因为几乎无可怀疑的是，在南部非洲较干旱的各省，这些植物曾经在一个直立的状态下繁衍了无数代；然而在这整个时期里，它们仍然保持着自发的旋转和缠绕的内在能力，每当处于适宜的生活条件下枝条变得伸长时便表现出来。菜豆属的大多数物种是缠绕植物；但是多花菜豆的某些变种产生两种枝条（莱昂，681页），有些直立而粗壮，另一些纤细可以缠绕。我曾在福氏矮种豆(Fulmer's dwarf forcing-bean)植株中看到这种奇特变异的显著实例，这个品种偶然产生一单个长缠绕枝。

杜英是最弱与最差的缠绕植物之一。可以时常看到它长成为一棵直立的小灌木，并且当生长于灌木林里时，仅在枝间向上攀爬而不缠绕。但是，根据迪托舍特（第19卷，299页），当它生长在一根细而柔韧的支持物附近时，例如一条苎麻的茎，它能够围绕它缠绕。我放置一些支棒于一些植物的周围，并拴一些竖直拉紧的细绳在另一些植物附近，结果，仅那些细绳被缠绕着。茎任意地向右或向左进行缠绕。茄属的其他物种，以及属于同科的另一属 Habrothamnus 的若干物种，在园艺学上被描述为缠绕植物，但是它们的这种能力好像很微弱。我们或者会怀疑这两属的物种仅部分地获得缠绕的习性。另一方面，关于洋凌霄（*Tecoma radicans*），它是有多种缠绕植物和卷须植物的科里的一个成员，然而它像常春藤一样借助于小根来攀援，我们或者会怀疑原有的缠绕习性已经消失，因为它的茎表现出微弱的不规则运动，难于用光作用的变化来说明。没有什么困难来理解一种螺旋缠绕植物如何逐渐变为简单的用根攀援植物；因为杜氏紫葳（*Bignonia tweedyana*）和球兰（*Hoya carnosa*）植株的幼嫩节间能够旋转并且缠绕，但是也发生可贴附于任何适宜表面的小根，因此缠绕习性的消失不会是很大的不利，而且在有些方面对这些物种还是有利的，因为它们便可以取一条更直接的路线[1]沿支持物上升。

---

[1] 关于攀援植物的木材结构，弗里茨·米勒曾在植物学报(Bot. Zeitung，1866年，57页，65页)发表过一些有趣的事实和观点。

第　二　章

用叶攀援植物

• *Leaf—Blimbers* •

借助于自发旋转和敏感的叶柄而攀援的植物——铁线莲属（*Clematis*）——旱金莲属（*Tropaeolum*）——扭柄藤属（*Maurandia*），有自发运动的和对接触敏感的花梗——红萼花藤属（*Rhodochiton*）——冠子藤属（*Lophospermum*），节间敏感——茄属（*Solanum*），缠绕叶柄的增粗——洋紫堇属（*Fumaria*）——瓣包果属（*Adlumia*），借助于延伸中脉而攀援的植物——蔓百合属（*Gloriosa*）——山藤属（*Flagellaria*）——猪笼草属（*Nepenthes*），关于用叶攀援植物的提要。

8017

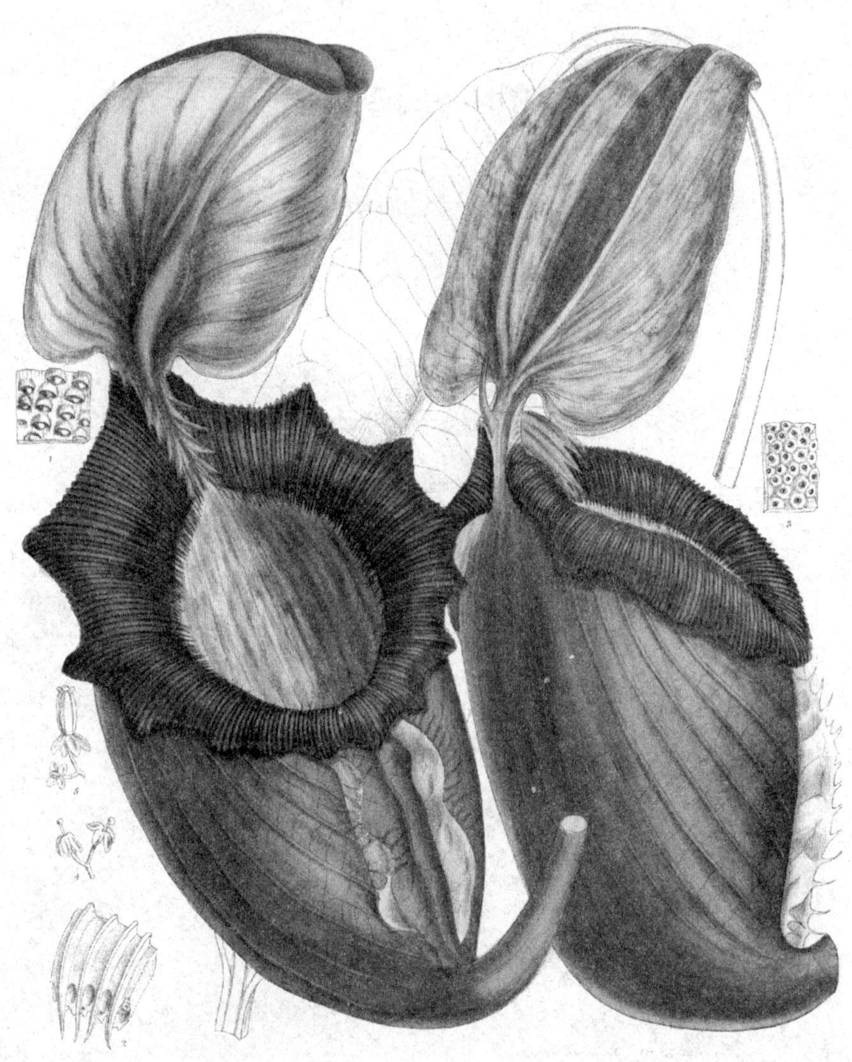

现在我们来讨论第二类攀援植物，就是那些借助于有感应性的或敏感的器官而攀援上升的植物。为方便起见，将这类植物分为两亚类，即用叶攀援植物，或者仍然保持它们的叶子于功能状态的植物，以及具卷须的植物。但是这两个亚类彼此逐渐转变，我们将在讨论紫堇属（*Corydalis*）和蔓百合属时谈到。

早已观察到有些种植物借助于它们的叶子攀援，或者靠它们的叶柄或者靠它们的延伸中脉；但是除了这个简单事实外，它们还没有被描述过。帕姆和莫尔把这些植物和具卷须植物列为一类；但是因为一片叶子通常是一个规定的物体，目下这种分类法，虽然是人为的，至少有些方便。而且，用叶攀援植物在许多方面是介于缠绕植物和具卷须植物之间。对 8 种铁线莲和 7 种金莲花作过观察，目的是为了了解同属里存在的攀援方式有多大的差别。这种差别是相当大的。

铁线莲属——腺毛铁线莲（*Clematis glandulosa*） 植株纤细的上部节间逆太阳的方向而旋转，恰像真正的缠绕植物那样，根据三周旋转来判断，其平均速度是 3 小时 48 分钟。主枝会立刻缠绕一根放在附近的支棒；但是在仅做成一圈半的开口螺旋后，它竖直上升一段短距离，以后逆转它的路线，向相反方向缠绕了两圈。由于处于两段相反螺旋之间的竖直部分已变得坚固，使这种逆转现象成为可能。这个热带物种的简单卵形阔叶，有短而粗的叶柄，好像不大适于任何运动；并且当向上缠绕于一根直立支棒时，它们没有起什么作用。不过，一片幼叶的叶柄在任何一侧与一根细枝摩擦几次，它将在数小时内弯向那一侧，以后重新伸直。下侧似乎最为敏感；但是它的敏感性或感应性同

◀ 达尔文在自己的花房里种着平滑猪笼草和锡兰猪笼草。他观察到当平滑猪笼草长到一定程度时，其叶子具有攀援能力。图为著名博物学家、科普画家菲奇（W. H. Fitch，1818—1892）所画的猪笼草。

我们将遇到的下列几个物种相比，是微弱的；因而，一个重 1.64 格令[①](106.2 毫克)的线圈悬挂在一个幼嫩叶柄上几天，产生刚可察觉的效应。这里提供的绘图内有两片幼叶已自然地缠住两个小枝。放置一个有分叉的小枝，使它轻压于一个幼嫩叶柄的下侧，在 12 小时内便使它弯得很厉害，最后达到叶子转到茎的对面一侧的程度；将分叉小枝移去后，叶子缓慢地恢复它原来的位置。

图 1　腺毛铁线莲两片幼叶缠住两个小枝，缠绕部分变粗

幼叶自发地逐渐改变它们的位置：初发育时，叶柄向上翻转并与茎平行；以后它们缓慢地向下弯曲，短时与茎成直角，以后向下弯曲得很厉害，以致叶片指向地面，其顶端向内卷曲，因而整个叶柄和叶子一起形成一个钩。它们便这样能够钩住因节间旋转而与它们接触的任何小枝。如果这种情况没有发生，它们保持这种钩状形式相当长的时期，然后向上弯曲恢复它们原来的向上翻转位置，以后就这样继续保持下去。缠住任何物体的叶柄，不久便明显增粗和更加坚固，可在图 1 中看出。

山铁线莲(*Clematis montana*)　植株上长而细的叶柄在幼嫩时敏感，当轻轻摩擦时，弯向受摩擦的一侧，随后伸直。它们比腺毛铁线莲的叶柄敏感得多；因为一个重 0.25 格令(16.2 毫克)的线圈使它们弯曲，仅重 0.125 格令(8.1 毫克)的线圈有时起作用，有时不起作用。这种敏感性从叶片扩展到茎部。这里我提一下，在所有的试验中，我确定所用的细绳和线的重量是用一个化学天秤仔细称量 50 英寸长的一段，然后剪下量好的长度。主叶柄有 3 片小叶，但是它们的短的次叶柄不敏感。植株上一条幼嫩的倾斜枝条(植物在花房里)按逆太阳的路线在 4 小时 20 分

① 格令(gr)，格令＝64.799 毫克。

钟内做成一个大圆圈；但是第二天，天气很冷，所需时间是 5 小时 10 分钟。放置在一条旋转茎附近的支棒不久便被成直角站立的叶柄撞上，旋转运动于是受到抑制。叶柄因接触而激发起来，开始缓慢地围支棒缠绕。当支棒很细，叶柄有时缠绕它两周。那片对生叶没有受到丝毫影响。当叶柄已经缠住支棒后，茎所取的位置就和人站在一根柱子旁边把手臂水平伸出抱住它一样。关于茎的缠绕能力，将在苞叶铁线莲（*C. calycina*）一节里提到。

希氏铁线莲（*Clementis sieboldi*） 一根枝条用 3 小时 11 分钟的平均速度逆太阳路线做成 3 周旋转。其缠绕能力和前种相似。它的叶子，除去侧生小叶和顶生小叶的次叶柄敏感以外，在构造上和功能上也几乎相似。一个重 1/8 格令的线圈对于主叶柄有作用，不过要经过两三天后才能发生。叶子具有显著的自发旋转习性，通常转成垂直的椭圆形，旋转的方式和即将描述的小叶铁线莲（*C. microphylla*）的相同，不过在程度上差些。

苞叶铁线莲 幼嫩枝条纤细而柔韧，其中一根在 5 小时 30 分钟内画成一个宽卵圆形，另一根在 6 小时 12 分钟内。它们顺着太阳的路线进行。但是，如果观察时间够长的话，在本种以及本属的其他一切物种里，可能会看到所经过的路线有些变动。本种是比前两种略好些的缠绕植物：茎有时围绕一个没有小枝的细棍做成两个螺旋；它以后向上直行一段距离，再逆转它的路线做一两个螺旋。这种螺旋逆转现象在前述的所有物种中也曾发生过。同大多数其他物种比较起来，叶子很小，以致叶柄在初看时好像不大适宜于缠绕。然而旋转运动的主要任务是导引叶柄与周围物体相接触，这些物体便被缓慢地而且稳固地缠住。只有幼嫩叶柄敏感，其顶端稍向下弯曲，成为弯度不大的钩状；如果它抓不到物体，整片叶子最后变成平伸的。我用一个细枝轻轻摩擦两个幼嫩叶柄的下表面，它们在 2 小时 30 分钟内稍微向下弯曲；摩擦后 5 小时，其中一个的顶端完全弯过来与基部平行，在随后 4 小时内它几乎重新伸直。为了表示幼嫩叶柄有多么敏感，我可以提到我用少量水彩只接触一下两条叶柄的下侧，水彩干燥时结成一层非常薄而小的皮壳；但是这已足够使两条叶柄在 24 小时内向下弯曲。当植物幼嫩时，每片叶有三片分裂的小叶，它们勉强有清楚的叶柄，这些小叶柄是不敏感的；但是当植物长大，两个侧生小叶和顶生小叶的叶柄有相当长度，就有了敏感性，可以在任何方向缠住物体。

当一叶柄已经缠住一个小枝时，它发生一些显著的变化，这些变化也可在别的物种里见到，不过较不显著，这里将在一起描述。缠绕的叶柄在两三天内增粗很多，最后变粗到几乎是那没有缠绕的对生叶柄的两倍。当将这两个叶柄的横切片放在显微镜下比较，它们的区别很显著；叶柄与支持物接触的一侧，由一层无色细胞组成，它们的长轴指向中心，这些细胞比对生的或没有改变的叶柄里相应细胞要大得多；中央的细胞也在某种程度上增大，并且整个组织变得坚硬，外表面一般变成鲜红色。不过在组织的性质上发生的变化，要远比可见的变化更大：没有缠绕的叶柄很柔韧，容易折断；而缠绕的叶柄获得非常大的硬度和强度，以致需要相当大的力量才能把它拉成断片。由于这种变化，很可能获得很大的持久性。至少蔓生铁线莲（*Clematis vitalba*）的缠绕叶柄是如此。这些变化的意义很明显，就是，叶柄可以坚固而耐久地支持茎部。

小叶铁线莲（*Clematis microphylla*），变种细叶铁线莲（*leptoplylla*） 这个澳洲种植株，其长而细的节间有时向一个方向旋转，有时向相反方向旋转，画成长而窄的不规则椭圆圈或大圆圈。在 1 小时 51 分钟的相同平均速度上下 5 分钟的范围内完成 4 周旋转，因而本种运动比本属的其他物种更快。当枝条放在一根直立木棒附近时，或者缠绕它，或者用它们的叶柄基部缠住它。叶子在幼嫩时的形状和蔓生铁线莲的一样，并且以同样的方式像钩那样运动，具体的将在这一种的标题下描述。但是小叶裂得更深，并且每个裂片当幼嫩时在顶端有一个硬尖，这个硬尖向下向内弯得很厉害；整片叶因而容易抓住任何邻近的物体。重 1/8 甚至 1/16 格令的线圈对幼嫩顶生小叶的叶柄能够发生作用。主叶柄的基部的敏感度差得多，但是能缠住它所能接触到的支棒。

当叶子幼嫩时，持续自发地缓慢运动着。将一个玻璃钟罩罩在固定于一木棒的枝条上面，并把叶子在几天内的运动描绘于玻璃钟罩上。运行的路线通常很不规则，但是有一天在 8 小时 45 分钟内描绘的路线图清楚地代表三个半不规则的椭圆圈，其中最完整的一个在 2 小时 35 分钟内完成。两片对生叶彼此独立地运动着，叶子的这种运动会帮助节间运动引导叶柄同周围物体接触。我发现这种运动过迟了，以致未能在其他物种里观察到。但是从同功来看，我不大怀疑至少蔓生铁线莲、焰铁线莲（*C. flammula*）以及葡萄叶铁线莲（*C. vitalba*）的叶子会自发地运动；并且，从希氏铁线莲来判断，山铁线莲和苞叶铁线莲也可能有这种现象。我肯定腺毛铁线莲的简单叶没有显出自发的旋转运动。

蔓生铁线莲（*Clematis viticella*），变种（*venosa*） 在本种和下面两个物种里，植株螺旋缠绕的能力完全消失，这好像是由于节间的柔韧性减弱以及大形叶子所引起的干扰所致。但是旋转运动虽然受到限制，却并未消失。本种的一个幼嫩节间，放在窗前，用 2 小时 40 分钟的平均速度做成三个同光线方向相横截的椭圆圈。改变放置的位置使运动对着光和背着光，在半圈路线中速度加快很多，在另一半速度减慢，像缠绕植物一样。椭圆圈很小。具有一对未开放叶的枝条顶端所画的椭圆圈，长轴不过 4.525 英寸；末端下第二节间所画的，长轴仅为 1.125 英寸。在最适于生长的时期，每片叶由于节间运动而来回摇摆，距离难得超过两三英寸，但是，上面已经提到，可能叶子本身在自发地运动。由于风和由于迅速生长所引起的整个枝条的运动，可能会像这些自发运动一样有效地引导叶柄同周围物体相接触。

叶子是大型的。每片叶具有三对侧生小叶和一片顶生小叶，都着生于相当长的小叶柄上。主叶柄在每对小叶的着生点稍成角度地向下弯曲（见图 2）。顶生小叶的叶柄向下弯成直角，因而整个叶柄，和它弯成直角的顶端，像一个钩一样起作用。这个钩，其侧生小叶柄稍向上指，形成一个良好的抓钩器，使叶子容易与周围物体纠缠在一起。如果它们没有抓到物体，整个叶柄最后长成直的。主叶柄、小叶柄和每个基部一侧生小叶柄所分成的三段分支都敏感。在茎和第一对小叶之间的主叶柄基部比其余部分的敏感度差些，然而它可缠住它所接触的支棒；成直角弯曲的顶端部分（支持顶生小叶的）的下表面，它构成钩端的内侧，是最敏感的部分，这个部分显然最适于抓住一个远处的物体。为了表示敏感度的差别，我轻轻地放置同重量的细绳圈（在一例中重仅 0.82 格令或 53.14 毫克）在几个侧生小叶柄和顶生小叶柄上。在少数几小时后，顶生的小叶柄发生弯曲；但是在 24 小时后，其他小叶柄仍没有受到影响。还有，使一个顶端小叶柄与一根细棒接触，它在 45 分钟内发生可察觉的弯曲，在 1 小时 10 分钟内弯过 90°；但是一个侧生小叶柄经过 3 小时 30 分钟以后才有可以察觉的弯曲。在所有情况下，如果把支棒移开，叶柄都还继续运动许多小时；在经轻轻摩擦后，它们也是这样；但是如果弯曲不是很大或者不是很持久，经一天左右以后，它们重新伸直。

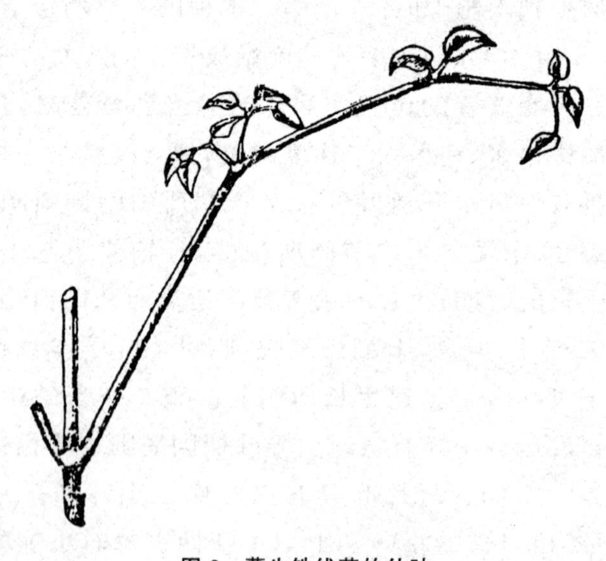

图 2　蔓生铁线莲的幼叶

在上述各物种的叶柄中，敏感性的扩展有分等级的差别，值得注意。在山铁线莲里，它限于主叶柄，没有扩展到三小叶的小叶柄；在苞叶铁线莲的幼嫩植株里也是如此；但是在较老植株里，它扩展到三个小叶柄。在蔓生铁线莲里，敏感性扩展到7个小叶的叶柄，并且达到基部一侧生小叶柄的分支。但是在这个物种里，它在主叶柄的基部减弱；而在山铁线莲里，它则仅存在于这个部分，同时它在那突然弯曲的顶端部分增强。

焰铁线莲(*Clematis flammula*)　该物种植株的枝条相当粗壮、挺直而坚固。在春季生长旺盛时，顺着太阳的路线做小的卵圆圈旋转，用3小时45分钟的平均速度做成四周。由枝条顶端所画的卵圆圈的长轴，成直角地指向对生叶的连接线；长轴的长度在一例中仅为1.375英寸。在另一例中是1.75英寸；所以幼嫩叶子只移动很短的距离。同一植物的枝条在仲夏观察，那时生长不是很快速，根本没有旋转。我在初夏砍掉另一棵植物，到8月1号它已抽出新枝，生长相当旺盛。当在玻璃钟罩下观察这些新枝时，有几天完全静止不动，另外几天则来回摇摆，距离仅达0.125英寸左右。因此，本种里旋转能力大大减弱，并且在不适宜的环境下完全消失。枝条能否与周围物体接触，必然要依赖叶子或许有的然而尚未确定的自发运动，依赖迅速的生长，依赖因风引起的运动。因此，可能是叶柄获得了很高的敏感度来弥补枝条的微弱运动能力。

叶柄向下弯成弓状，呈钩状形态，和蔓生铁线莲的一样。中间叶柄和侧生小叶柄敏感，特别是很弯的顶端部分。鉴于这个物种的敏感性超过我所观察到的本属其他物种，而且它本身也很显著，我将提出较详细的叙述。当叶柄还很幼嫩，相互尚未分开时，并不敏感；小叶片长到0.25英寸(约为完全成长时的1/6)，敏感性最高。但是在这个时期，叶柄比叶片更充分发育，完全长成的叶柄一点也不敏感。将一细棒轻压于一叶柄上，它有一片小叶长达0.167英寸，使叶柄在3小时15分钟弯曲。另一例中，叶柄在12小时内完全围棒卷绕。任这样的叶柄卷绕

24 小时，随后把棒取走，但是它们永不伸直。我取一根比叶柄更细的小枝，用它轻轻摩擦几个叶柄上下各 4 次，这些叶柄在 1 小时 45 分钟内稍微弯曲；在数小时内弯曲度增加，随后开始减少，但是从摩擦时起经 25 小时，弯曲的痕迹仍然保留着。同样地摩擦另外几个叶柄两次，一次向上，一次向下，它们在 2 小时 30 分钟内有可辨别的弯曲，顶端小叶柄比侧生小叶柄移动得多些；它们在 12 小时到 14 小时之间都重新伸直。最后，一个长达 0.125 英寸左右的小叶柄，用同一小枝仅轻轻摩擦一次，它在 3 小时内便稍微弯曲，保持着这种状态达 11 小时，但是第二天早晨完全伸直。

下述的观察更精确些。试用较重的线段或绳段后，我将一个重 1.04 格令（67.4 毫克）的细绳圈放在顶端小叶柄上；在 6 小时 40 分钟内可观察到弯曲；在 24 小时内，叶柄绕细绳做成一个开口的环；在 48 小时内，这个环在绳上几乎闭合，并且在 72 小时内叶柄牢固地缠住绳圈，以致需要些力量才能把它拉开。重 0.52 格令（33.7 毫克）的线圈在 14 小时内使一侧生小叶柄发生刚可辨别的弯曲，在 24 小时内转过了 90°。这些观察都是在夏季进行的。以下的是在春季做的，那时叶柄显然比较敏感——重 0.125 格令（8.1 毫克）的线圈，对侧生小叶柄没有起作用，但是当放在顶端小叶柄上，使它在 24 小时后发生相当的弯曲；虽然线圈仍在悬挂着，弯曲度在 48 小时后减小，但是不会消失。这表示叶柄对于不足的刺激已经变得部分地习惯了。这个试验重复了两次，得到几乎相同的结果。最后，两次用镊子把一个重仅 1/16 格令（4.05 毫克）的线圈轻轻地放在顶端小叶柄上（植物当然是放在静闭的室内）。这个重量肯定引起了弯曲，弯曲度很缓慢地增加着，直到叶柄转过近 90°；它的运动不超过这个限度，仍然悬挂着线圈的叶柄不再完全伸直。

当我们一方面考虑到叶柄的粗度和硬度，另一方面考虑到细棉线的细度和柔度，以及 1/16 格令（4.05 毫克）是多么微小的重量，这些事实都值得注意。但是我有理由相信甚至更小的重量也能够引起弯曲，当这个重量是施加在比一条线所压的更宽的面积上。我曾注意到一条悬垂的细绳顶端偶然碰到一个叶柄便使它弯曲，我取两段各长10英寸（重1.64格令）的麻线，把它们系在一根棒上，使它们近于垂直地下垂，在它们的细度和弯曲形式于拉直后所允许的程度之内。以后我轻轻地使它们的顶端恰好落在两个叶柄上，这两个叶柄肯定在36小时内变弯。一根麻线的顶端碰到顶生和侧生小叶柄之间的角内，它在48小时内像被镊子夹住那样夹在两个叶柄之间。在这些情况下，压力虽然铺展于比棉线的接触面更宽的面积上，必然还是非常微弱的。

葡萄叶铁线莲(*Clematis vitalba*)　植株是盆栽的而且不健康，因而我不敢信任我的观察。观察结果表示在习性上同焰铁线莲有很多相似之处。我提到这个物种，只因为我看到许多证据，表明其在自然状态下的叶柄被很微弱的压力激发而运动。例如，我曾看到它们抱住禾本科植物的枯萎薄叶片。槭树的幼嫩软叶，以及颤杨或凌风草(*Briza*)的花梗。后一种几乎细如人的毛发，但是它们完全被它包围并且缠住。一片很幼嫩的叶子，还没有一片小叶展开，其叶柄曾部分地缠住一个小枝。几乎所有老叶的叶柄，甚至当没有接触到任何物体上，都卷曲得很厉害。不过这是由于它们在幼嫩时曾经同某个物体接触过几小时而后来脱开所致。上面描述过的栽种于花盆并经仔细观察的植株里，没有一种不是因接触的刺激才发生叶柄的永久弯曲。在冬季，葡萄叶铁线莲的叶片脱落，但是叶柄（莫尔观察到）仍然留在枝上，有时历经两个季节；并且它们是卷曲的，酷似真正的卷须，和近缘的锡兰莲属(*Naravelia*)所具有的卷须一样。已经缠住某个物体的叶柄，变得比起未能完成它们这种特有功能的叶柄更强固些、更坚硬些而且更光滑些。

金莲花属(*Tropaclum*)　我观察过三色金莲花(*T. tricolorum*)、兰花金莲花(*T. azureum*)、五叶金莲花(*T. pentaphyllum*)、金雀花(*T. peregrinum*)、大金莲花(*T. elegans*)、

块根金莲花（*T. tuberosum*）和一种我认为是小金莲花（T. minus）的矮生变种。

三色金莲花，大花（*grandiflorum*）变种　　最初由块茎长出的柔韧枝条，纤细如细绳。一个这样的枝条逆太阳的方向旋转，根据3周旋转来判断，其平均速度为1小时23分钟；但是旋转运动的方向无疑是有变动的。当植物已经长高并且有分枝时，所有的众多侧枝都进行旋转。茎在幼嫩时有规则地围绕一根直立细棒缠绕，在一例中，我数过有8个螺旋取同一方向；但是当生长较老时，茎常常向上竖直伸展一段距离，并且由于受到缠绕叶柄的抑制，再向相反方向做一两个螺旋。植物长到两三英尺高，这从第一个枝条出土时计起需要一个月左右，在这之前没有真叶发生，但是长出茎须（folament）代替，颜色和茎一样。茎须的顶端是尖的，稍扁平，而且上表面有沟。它们从不发育成叶。当植物长高时，有新茎须发生，其尖端稍微膨大，后来发生的茎须，在膨大的中央顶端两侧有一对不发育的叶子裂片；不久后有其他裂片出现，最后具有七深裂的完全叶形成。因而在同一植株上，我们可以看到从卷须状的缠绕茎须到具有缠绕叶柄的完全叶子的各个步骤。待植株已长到相当高度，并且靠真叶的叶柄已固定于支持物上，在茎下部的缠绕茎须便枯萎脱落；所以它们执行的仅是一个临时任务。

茎须或发育不全的叶子，以及完全叶的叶柄，当幼嫩时，其各面对于接触都是非常敏感。最轻微的摩擦使它们在3分钟左右弯向摩擦的一面，形成一个在6分钟内弯成一个环，它们随后伸直。然而，当它们一旦完全缠住棒时，如果把棒撤去，它们不使自己伸直。有一件异常的事，我在本属的其他物种里没有看见过，就是，如果茎须和嫩叶的叶柄没有抓住物体，在它们的原有位置站立几天之后，便自发地并且缓慢地向两侧稍微摆动，然后移向茎将它缠住。在一段时间后，它们也常常在某种程度上变成螺旋收缩。它们因此完全应该称为卷须，因为它们用于攀援，对接触敏感，有自发的运动，并且最后收缩成一个螺旋，尽管是不完全的螺旋。如果这些特性不是只限于幼嫩初期的话，本种便会被列入卷须植物类里。在成熟时，它是一种真正的用叶攀援植物。

兰花金莲花 该物种植株上部节间用1小时47分钟的平均速度顺着太阳做成4周旋转。茎以不规则的方式围绕一支持物作螺旋缠绕，和前种一样。发育不全的叶子或茎须是不存在的。幼叶的叶柄很敏感：用一小枝轻轻摩擦一次使一个叶柄在5分钟内发生可辨别的运动，另一个在6分钟内。前一个叶柄在15分钟内弯成直角，在5～6小时之间重新伸直。重0.125格令的线圈使另一个叶柄弯曲。

五叶金莲花 该物种植株没有螺旋缠绕的能力，这似乎是由于茎缺乏柔韧性，但是缠绕叶柄所引起的连续干扰影响更大。一个上部节间用1小时46分钟的平均速度顺着太阳做成3周旋转。在金莲花属的所有物种中，旋转的主要目的是引导叶柄同支持物接触。一片嫩叶的叶柄，轻轻摩擦后，在6分钟内变弯；另一个在8～10分钟内，这一天天气较冷。它们的弯曲度通常在15～20分钟内增加很大，它们在5～6小时之间重新伸直，但是有一次在3小时内伸直。当叶柄已完全地缠住一根棒后，它不能因棒被撤去而使自己伸直。一个叶柄的基部已经缠住一根棒，其上部悬空部分仍然保留着运动能力。重0.125格令的线圈使叶柄弯曲；线圈仍然悬挂着，这样的刺激不够引起永久的弯曲。如果一个更重的线圈放在叶柄和茎之间的角内，它不起作用；而我们在山铁线莲里看到，茎和叶柄之间的角是敏感的。

金雀花 该物种一棵幼株最初形成的一些节间不会旋转，在这方面同缠绕植物的节间相似。在一株较老植物上，上部4个节间用1小时48分钟的平均速度逆着太阳做成3周不规则的旋转。值得注意的是，在本种和前两个种中，旋转的平均速度（虽然仅根据少数几次观察）几乎相同，即1小时47分钟、1小时46分钟和1小时48分钟。本种不能螺旋缠绕，看来主要是由于茎很坚硬。在一株不旋转的幼嫩植物里，叶柄不敏感。在较老的植物中，相当幼嫩的叶子的叶柄，以及叶子直径达1.25英寸的叶柄，都敏感。一个适度的摩擦使一叶柄在10分钟内变弯，使另一些在20分钟内变弯。它们在5小时45分钟到8小时之间重新伸直。曾自然地接触一根棍的叶柄，有时绕它两周。它们缠住一个支持物后，变得强固坚硬。它们对于一个重物不如前两种敏感：因为重0.82格令(53.14毫克)的细绳圈没有引起任何弯曲，但是重量加倍(106.28毫克)的绳圈起作用。

大金莲花　我没有对本种做过许多观察。植株短而硬的节间不规则地旋转，画成小的卵圆形。一个卵圆圈在3小时内完成。一个幼嫩叶柄，当摩擦时，在17分钟稍微弯曲；以后弯得更多。它在8小时内几乎重新伸直。

块茎金莲花　一棵高9英寸的植株，节间完全不会运动；但是在较老植株里，它们作不规则的运动，并做成不完整的小卵圆圈。这些运动只有根据罩在植物上的玻璃钟罩上描绘的踪迹才能识别出来。枝条有时静止不动几个小时；有些天它们只在一个方向呈曲线运动；另外几天它们做成不规则的小螺旋或圆圈，有一个在4小时左右完成。枝条顶端所到达的极限点只分隔1英寸或1.5英寸左右；然而这种微弱运动使叶柄同周围靠近的小枝接触，将它们缠住。与前种相比较，随着自发旋转能力衰退，叶柄的敏感性也减弱。当摩擦数次叶柄时，直到过了半小时才弯曲；弯曲度在随后两个小时内增加，然后很缓慢地减少；因而它们有时需要24小时才能重新伸直。极幼嫩的叶子有着活跃的叶柄：一个叶片的直径只为0.15英寸，就是约为成熟时面积的5%，其叶柄能够牢固地缠住一条细枝；但是长到成熟时面积的25%的叶子，也能够做同样的动作。

小金莲花　一个称为"dwarf crimson *Nasturtium*"的变种植株的节间不会旋转，但是白天向光、夜间背光，在一条相当不规则的路线上运动着。叶柄当被适当摩擦时，没有表现出弯曲的能力，我也未能看到它们缠住过任何邻近物体。在本属里我们看到一个逐渐转化的等级，从像三色金莲花这样的物种，它们有非常敏感的叶柄和可迅速旋转并螺旋缠绕一个支持物上升的节间；而另一些物种，如大金莲花和块茎金莲花，它们的叶柄的敏感度差得多，其节间的旋转能力很微弱并且不能螺旋缠绕一个支持物；到这个最后物种，它已完全消失或者从未获得过这些能力。从本属的一般特性来看，能力的消失似乎更有可能。

在大金莲花里，可能还有其他物种，当蒴果一旦开始膨大，花梗便自发地向下突然弯曲，并且变得稍微卷曲。如果有根棒挡路，它在某种程度上会被缠住。但是，据我所能看到的，这个缠绕运动与来自接触的刺激无关。

金鱼草族(Artirrhineae) 玄参科的这个族(Lindley)所包括的 7 个属里，至少有 4 个属具有用叶攀援的物种。

柏氏扭柄藤(*Maurandia barclayana*) 该物种植株一条细而稍微躬弯的枝条顺着太阳做成两周旋转，每周需要 3 小时 17 分钟；在前一天，这同一个枝条朝相反方向旋转。枝条不做螺旋缠绕，但是靠它们的幼嫩而敏感的叶柄的帮助能够完善地攀援。当轻轻摩擦这些叶柄时，在一段相当时间以后才运动，随后重新伸直。重 0.125 格令的线圈使它们发生弯曲。

扭柄藤(*Maurandia semperflorens*) 这个大量生长着的物种，其植株靠着它的敏感叶柄的帮助攀援，正和前个物种一样。一个幼嫩节间做成两个圆圈，每圈需要 1 小时 46 分钟，因而它的运动几乎比前种快两倍。节间对于接触或压力完全不敏感。我提到这一点，因为在一个近缘属里，即冠子藤属(*Lophospernum*)，节间是敏感的。本种有一方面很独特。莫尔叙述说："花梗以及叶柄像卷须一样卷绕"；但是他把苦草属(*Vollis neria*)植株的螺旋状花梗这样的物体，看做卷须。这种说法，以及花梗肯定是蜿蜒状这个事实，引起我去仔细检查它们。它们从来不像卷须那样动作。我反复地放置细棒，使其与幼嫩的和老的花梗接触，并且我让 9 株健壮的植物通过一丛错综的枝条生长，但是没有一次它们围绕任何物体弯曲。这实际上是很不可能发生的，因为花梗一般是在已经靠叶柄牢固地缠住一个支持物的枝条上发育出来；并且当它们着生在一个自由悬垂的枝条上时，它们也不是由有旋转能力的节间的顶端部分形成的，因而它们仅能偶然地与任何邻近物体相接触。然而（这便是那件异常的事）当花梗幼嫩时表现出微弱的旋转能力，并且对接触稍微敏感。选出几个已由叶柄牢固地缠住支棒的茎，罩上玻璃钟罩，我追踪幼嫩花梗的运动。所描图一般为一个极不规则的短线，路程中还有一些小环。对一个长 1.5 英寸的幼嫩花梗仔细观察了一整天，它做成 4 个半狭窄、直立、不规则的短椭圆圈，每个的平均速度为 2 小时 25 分钟。一个邻近的花梗同时画成相似的椭圆圈，不过数目较少。鉴于植物已处于恰好同一个位置已有一段时间，这些运动不能归因于光线作用中的任何变化。当花梗长到刚可辨别出有色花瓣的时候，不再运动。至于感应性[①]，我用一细枝轻轻摩擦两个幼嫩花梗（长 1.5 英寸）几次：其中一个在上侧摩擦，另一个在下侧摩擦，它们在 4～5 小时之间明显地弯向被摩擦的一侧；在随后 24 小时内，它们使自己伸直。第二天在相反的一面摩擦，它们朝向这些面有可辨别的弯曲。对另外两个较幼嫩的叶柄（长 0.75 英寸）轻轻地摩擦它们相邻的两侧面，它们朝向彼此弯曲得很厉害，以致弯曲的弧度与原来的方向几乎成直角。这是我所看到的最大的运动，随后它们使自己伸直。另一些花梗，幼嫩得仅有 0.3 英寸长，受到摩擦时弯曲。另一方面，长度超过 1.5 英寸的花梗需要摩擦两三次，以后仅出现刚可辨别的弯曲。悬挂于花梗上的线圈不起作用；然而重 0.82 格令（53.14 毫克）和 1.64 格令（106.27 毫克）的细绳圈有时会引起轻微的弯曲；但是它们从来没有被花梗紧密地缠住过，像一些轻得多的线

① 根据克纳（Kerner）的有趣观察，好像很多植物的花梗有感应性，它们被摩擦或摇动时弯曲。见《花粉的保藏》，1873 年，34 页。

圈被叶柄缠住那样。

在我所观察的9株健壮植物里，可以肯定的是，帮助植物攀援的，既不是花梗的微弱自发运动，也不是它的微弱敏感性。如果玄参科的任何种类具有由花梗变态而成的卷须，我将以为这种扭柄藤可能保留着一种原有习性的无用的或发育不全的残迹；但是这个观点是不能成立的。根据相关性的原理，我们可以猜想，运动能力是从幼嫩节间传递到花梗，敏感性是从幼嫩叶柄传递到花梗。但是不问这些能力的原因如何，这个情况还是值得注意。因为，通过自然选择而在能力上略微增加，花梗便可能容易变得对植物在攀援中有用，有如葡萄属或倒地铃属的花梗（以后将叙述）那样。

红萼花藤（*Rhodochitom volubilis*） 该种植株有一个长而柔韧的枝条，它顺着太阳在5小时30分钟内扫过一个大圆圈；因天气变暖，第二圈是在4小时10分钟内完成的。枝条有时绕一根竖立支棒做成一个完整的或是半个螺旋，然后它们向上直立移动一段距离，随后向相反方向作螺旋旋转。约为成熟时大小十分之一的幼叶，其叶柄非常敏感，并弯向受接触的一侧，它们运动不快。一叶柄被轻轻摩擦后，在1小时10分钟内发生可以辨别的弯曲，在5小时40分钟内变得相当弯曲；其他有些叶柄在5小时30分钟内难得弯曲，但是在6小时30分钟内弯曲明显。悬挂一个小绳圈之后，一叶柄的弯曲在4小时30分钟～5小时之间可以辨别出来。重1/16格令（4.05毫克）的细棉线圈，不但使一叶柄慢慢地弯曲，而且最后被牢固地缠住，以致要用少许力量才能把它拿开。当叶柄与一根棒接触时，围绕它做成一个整圈或是半个，最后大大地增粗。它们没有自发旋转的能力。

紫花冠子藤（*Lophospermum scandens* 变种 *purparcum*） 该种植株，在其有些长而相当细的节间用3小时15分钟的平均速度做成四周旋转。所进行的路线很不规则，即一个极窄的椭圆圈、一个大圆圈、一个不规则的螺旋或一曲折线，并且有时顶端静止不动。幼嫩叶柄，当被旋转运动带到同支棒相接触时，便缠住支棒，不久会相当地增粗。但是它们对于重量不像红萼花属那样敏感，因为重 0.125 格令的线圈并不总使它们弯曲。

这种植物表现出一种现象，我在任何其他用叶攀援植物或缠绕植物里[①]都没有观察到过——茎的幼嫩节间对接触敏感。当这个物种的叶柄缠住一根支棒时，它拖着节间的基部靠近它；然后节间本身弯向支棒，使支棒夹在茎和叶柄之间像被镊子夹住似的。节间以后使自己伸直，除去与棒真正接触的那部分以外。只有幼嫩节间才敏感，它们是沿着它们的全长在各个表面都敏感。我做过 15 次试验，用一个细枝轻轻摩擦几个节间两三次。除去一次在 3 小时内，其余全部在 2 小时内弯曲；它们后来约在 4 小时内重新伸直。一个节间曾被摩擦过六七次，它在 1 小时 15 分钟内发生刚可识辨的弯曲，在 3 小时内弯曲度增加很多。但在当天的夜间重新伸直。有一天我摩擦几个节间的一面，第二天或者摩擦相反的一面，或者摩擦同第一面成直角的一面，弯曲总是朝向受摩擦的一面。

根据帕尔姆的意见，卷须柳穿鱼（*Linaria cirrhosa*）的叶柄和在有限程度上柳穿鱼（*L. elatine*）的叶柄都具有缠绕一个支持物的能力。

茄科（*Solanaceae*）　土豆蔓（*Solanum jasminoides*）　这个大属里有些物种是缠绕植物，但是本种是真正的用叶攀援植物。该种植株的一个近于直立的长枝逆着太阳，用 3 小时 26 分钟的平均速度有规则地做成 4 周旋转。不过，枝条有时静止不动。它被看作是一种花房植物；但是当其被放在花房内，叶柄需要好几天才缠住一根支棒；在温室里，7 小时内便可缠住支棒。在花房里，一叶柄不受悬挂数日和重 2.5 格令（162 毫克）的绳圈的影响；但是在温室内，重 1.64 格令（106.27 毫克）的绳圈便

---

① 我曾提到菟丝子（*Cuscuta*）的缠绕茎的情况，根据雨果・德弗里斯的意见，它像卷须一样对接触敏感。

使其叶柄弯曲；将绳圈取走，它重新伸直。另一叶柄完全不受一个重仅 0.82 格令(53.14 毫克)的绳圈的影响。我们已看到，上述重量的 1/13 便对一些其他用叶攀援植物的叶柄起作用。在这个物种里，不像我在所看到的其他用叶攀援植物里，一片成熟的叶子能够缠住一根支棒；不过在花房内，这个运动异常地缓慢，以致需要几个星期才能完成；在相继的每个星期，可清楚看到叶柄变得越来越弯曲，直到最后它牢固地缠住支棒。

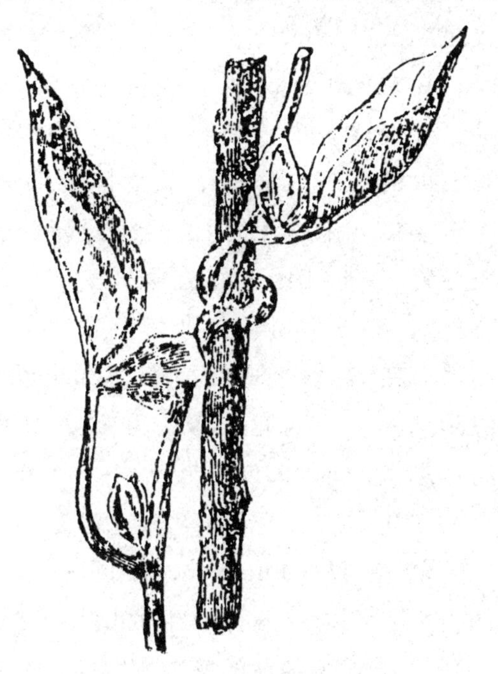

图 3 土豆蔓，用它的叶柄缠住一根棍

取植株半成长的或 1/4 成长的叶子的柔韧叶柄，已缠住一个物体三四天，在粗度上增加很多，在几个星期以后变得异常坚硬(图 3)，以致难以把它从支棒上移开。把这样的叶柄与紧靠下面生长的较老叶子的叶柄，它从未缠过任何物体，切取横切片予以比较，发现它的直径足够加倍，它的结构也有很大改变(图 4)。在另外两个作同样比较的叶柄里，这里描绘出来，直径的增加没有这么大。在普通状态下的叶柄切片(A)上，我们看到由细胞组成的一条半月形带状结构(在版画上不很明显)，在外貌上同其外侧部分稍

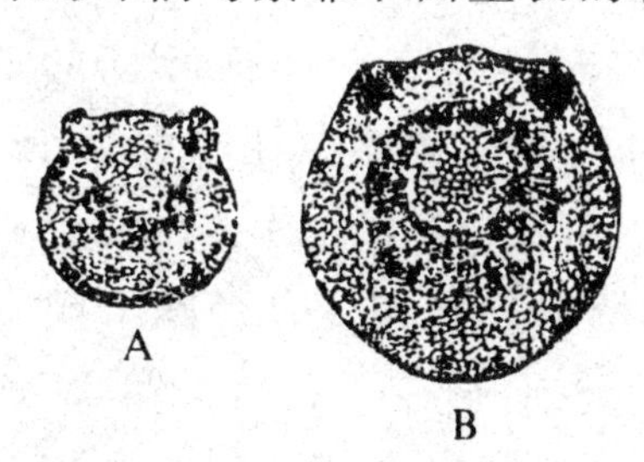

图 4 土豆蔓

A. 在普通状态下的叶柄切片；B. 缠绕一根棍后数星期的叶柄(如图 3 所示)切片

有区别，它包括3个很近似的深色导管群。接近叶柄上表面而在两个外脊的下面，另有2个小的圆形导管群。曾缠绕一根棍数星期的叶柄的切片(B)上，两个外脊已经变得远不那样明显，而且在它们下面的两个木质导管群在直径上增加很多。半月形带已经变成一个很硬的、白色木质组织的完整环状结构，有从中心放射的线条。那三个虽然接近而原先是分离的导管群，现在完全连接起来。由原有的半月形带的两角伸展而形成的这个木质导管环，上部比下部更狭窄些，并且稍松些。这个叶柄在缠住支棒后，竟然变得比它所着生的茎还要粗。这主要是由于木质环增厚所致，这个环在横切面和纵切面上都表现出有和茎很相似的结构。叶柄能这样获得几乎和轴相同的结构，是一个异常的形态上的事实；仅靠着缠住一个支持物的动作就能引起这样大的变化，是一个更异常的生理上的事实①。

紫堇科(Fumariaceae)——洋紫堇(*Fumaria officinalis*)　像紫堇这样矮生的植物，竟是一种攀援植物，是出乎意料的。其植株靠它的复叶的主叶柄和侧生叶柄的帮助而攀援；甚至那很扁平的叶柄顶端部分能够缠住一个支持物。我曾看到像禾本科植物的枯萎叶片那样软的物体被缠住。曾经缠住任何物体的叶柄最后变得更粗和更近于圆柱形。用一个小枝轻轻摩擦几个叶柄，它们在1小时15分钟内变得有可以辨别的弯曲，并且随后使自己伸直。把一根棒轻轻地放在两个次叶柄的角内，可激起它们运动，并且在9小时内几乎将棒缠住。重0.125格令(8.1毫克)的线圈在12小时以后和20小时过去以前引起相当的弯曲，但是它从来不会被叶柄适当地缠住。幼嫩节间在连续运动着，范围相当大，但是很不规则；形成一条曲折路线，或是本身交叉的螺旋，或是8字形。当在一个玻璃钟罩上描绘其

① 马斯特斯博士告诉我，在几乎所有的圆柱形叶柄中，如长着盾状叶的叶柄，木质导管形成一个闭合的环状结构；半月形导管带限于上表面有沟的叶柄里。与这种说法一致，可以看到，具有闭合的木质导管环的茄属增粗和缠绕的叶柄，已经变得比它在原来不缠绕情况下更近于圆柱形。

踪迹时，12 小时的路程明显表示出大约 4 个椭圆圈。叶子本身同样地有自发运动，主叶柄使自己按照节间的运动弯曲；因而当节间移动到一侧时，叶柄也移动到同一侧，然后伸直，再向反方向弯曲。然而，叶柄运动的距离不大，将枝条牢固地捆缚在一根棒上便可以看出来。在这种情况下，叶子沿着一条不规则的路线运动，和节间所做的相像。

瓣包果(*Cedlumia cirrhosa*)　　我在晚夏种植几株植物；它们形成很好的叶子，但是没有发出主茎。最初形成的叶子不敏感；以后形成的，有些片是敏感的，但是仅限于它们的顶端部分，这样便使顶端能够缠住支棒。这对于植物没有什么用处，因为这些叶子是从地面上长出；不过它表示出，植物将来的特征会是什么，如果它长高到可以攀援的话。一片基叶的顶端，当其幼嫩时，在 1 小时 36 分钟内画成一个窄椭圆圈，一端开口，长度恰好 3 英寸；第二个椭圆圈更宽，更不规则，也更短，长仅 2.5 英寸，在 2 小时 2 分钟内完成。洋紫堇属和紫堇属相类似，我毫不怀疑其瓣包果的节间有旋转能力。

蔓紫堇(*Corydalis claviculata*)　　这种植物恰好处于用叶攀援植物和卷须植物之间的中间状态，以致可以在二者中任一个项目下加以描述。由这一点来看，它是值得注意的。但是，由于后面提出的原因，它已被列入卷须植物类里。

除去前面已经叙述过的植物外，猫爪藤(*Bignonia unguis*)和它的近缘种类，虽然有卷须的帮助，具有可缠绕的叶柄。根据莫尔观察研究，青藤(*Cocculus japonicus*)(防己科的一种)和一种蕨类植物，日本瓶尔小草(*Ophioglossum Japonicum*)，用它们的叶柄攀援。

我们现在叙述一小类用叶子的延伸中脉或顶端来攀援的植物。

百合科(Liliaceae)——黄花蔓百合(*Gloriosa plantii*)　该物种一棵半长成的植株，其茎连续地运动着，一般描绘一个不规则的螺旋，有时画成卵圆圈，其长轴指向不同方向。它或者顺着太阳，或者在相反路线中运动，并且有时在改变方向之前静止不动。一个卵圆圈在 3 小时 40 分钟内完成；两个马蹄铁状图形中的一个在 4 小时 35 分钟内完成，另一个在 3 小时内完成。枝条在运动中达到的地点相距 4～5 英寸。幼叶初发育时竖直站立；但是由于轴的生长，由于叶子上半部自发地弯曲，它们不久就变得很倾斜，最后成为水平的。叶子顶端形成一个狭窄、带状、增粗的突出物，这部分最初是近于竖直的，但是当叶子倾斜的时候，其顶端向下弯曲成为一个很好的钩。这个钩现在足够健壮和坚固可以抓住任何物体，并且，当抓住物体时，可将植物固定住并停止旋转运动。它的内表面敏感，但是不到许多种前述的叶柄那样高的程度；因为重 1.64 格令（106.27 毫克）的绳圈没有起作用。当钩已抓住一个细枝或者甚至是一条坚硬的纤维时，可看出其尖端在 1～3 小时内稍微向内弯曲；在适宜环境下，它会卷曲并且在 8～10 小时内永久地缠住一个物体。钩在初形成时，叶子下弯之前，只是稍微敏感。如果它没有抓住物体，它在长时间里保持着开放形式和敏感度；最后，顶端自发地缓慢向内卷曲，而且叶端做成纽扣状、扁的螺旋圈。曾观察一片叶子，钩保持开放形式 33 天；但是在最后一星期，尖端已向内卷曲得很紧，以致仅能将一根很细的小枝穿进去。一旦尖端内卷到使钩变成环，它的敏感性消失；不过在它保持开放形式的时候，总是保留着一些敏感性。

当植株高仅 6 英寸时，那时的 4～5 片叶子比后来形成的更宽些；它们的柔韧而稍尖的顶端不敏感，并且不形成钩；茎那时也不旋转。在这个早期生长阶段，植株能够支撑自己；它的攀援能力是不需要的，因而没有发展出来。在不需要攀援得更高的完全长成的有花植物里，顶部的叶子也很不敏感，不能缠住支棒。我们从而看出，自然界的节约法则是多么完善。

鸭跖草科（*Commelynaceae*）　山藤（*Flagellaria indica*）——根据蜡制标本，可以明显看出，这种植物恰像蔓百合属一样攀援。一棵高 12 英寸的幼嫩植株，已形成 15 片叶子，还没有一片叶形成钩或像卷须的丝状体。茎也没有旋转，因而这种植物获得攀援能力要晚于蔓百合。根据莫尔的叙述，颚花属（*Uvularia*）（梅兰科 Melanthaceae）也像蔓百合属似的攀援。

上述的三个属是单子叶植物。但是有一种双子叶植物，即猪笼草属（*Nepenthes*），莫尔把它归入卷须植物。我听胡克博士说，这个属的大多数物种在邱园植物园里攀援得很好。这是靠叶子和瓶状叶之间的叶柄或中脉缠绕任何支持物所实现的，扭转部分变得较粗。但是我在 Veitche 先生的温室里观察到，叶柄当没有与任何物体接触时也常转个圈，并且这个扭转部分也同样变粗。在我的温室里，有平滑猪笼草（*N. laevis*）和锡兰猪笼草（*N. distillatoria*）两棵壮健的幼嫩植株，株高不到 1 英尺时，叶子没有表现敏感性，并且也没有攀援能力。但是当平滑猪笼草长到 16 英寸高时，便出现有这些能力的迹象。初形成的幼叶竖直站立，但是不久便变得倾斜；在这个时期，它们的末端成为一条柄或丝状体，在顶端上有几乎还没有发育的瓶状体。叶子现在表现出微弱的自发运动；当其末端的丝状体接触到一根棒时，它们缓慢地围棒卷绕并且牢固地缠住它。但是由于叶子随后的生长，这个丝状体过了一段时间以后变得很松散，不过仍旧牢固地卷绕于棒上。卷绕的主要用途，至少当植株年幼时，好像是支持那有分泌物负载的瓶状体。

关于用叶攀援植物的提要　　已经知道 8 个科的所属植物具有缠绕的叶柄，4 个科的所属植物是靠它们的叶尖攀援的。我观察的所有物种里，除去一个例外，植株的幼嫩节间都多少作有规律的旋转，有些例证中，像缠绕植物的幼嫩节间一样有规律。它们用不同的速度进行旋转，在大多数情况下是相当快的。有少数植物能够沿一个支持物作螺旋缠绕上升。同大多数缠绕植物不同的是，在同一枝条中先朝一个方向，然后向相反方向旋转的倾向强烈。由旋转运动所达到的目的是引导叶柄或叶尖同周围物体相接触；没有这种帮助，植物攀援成功的机会便会少得多。除去很少例外，叶柄仅当其幼嫩时是敏感的。它们在各个表面都敏感，不过在不同植物里有不同程度而已；而且在铁线莲属的几个物种里，同一叶柄的几个部分在敏感性上大有差别。蔓百合属的钩状叶尖仅在它们的内表面或下表面敏感。叶柄对于一个接触以及对很微弱的连续压力敏感，甚至是由重仅0.0625格令(4.05毫克)的软线圈所产生的连续压力；并且有理由相信，焰铁线莲的相当粗并且坚固的叶柄对于甚至轻得多的重量敏感，如果这重物是在宽阔表面上铺开的话。不同植物里叶柄用不同速度经常弯向受到压力或接触的一面，有时在几分钟内，但是一般在长得多的一段时间以后。叶柄在同任何物体暂时接触后，持续弯曲一段相当长的时间；后来它缓慢地重新伸直，然后能重新行动。由极轻微的重量所激发的叶柄有时稍微弯曲，然后变得习惯于这种刺激，或者不再弯曲，或者重新伸直，那重物仍在悬挂着。曾经缠住过一个物体一小段时间的叶柄，就不能恢复它们原来的位置。保持缠绕两三天后，它们一般在整个直径或仅在一面上增粗；它们随后变得更健壮和更木质化，有时达到惊人的程度。在有些例证中，它们获得像茎或中轴的内部结构。

冠子藤属植物的幼嫩节间以及叶柄对接触敏感，并且靠它们的联合运动缠住一个物体。扭柄藤的花梗会自发地旋转并且对于刺激敏感，不过不用作攀援而已。铁线莲属、紫堇属和瓣包果属里至少有两个物种，或许是大部分物种的叶子，像节间那样自发地向两侧弯曲，因而更适应于缠住远处的物体。三色金莲花的完全叶的叶柄以及植株幼嫩时的卷须状丝状体，最终会朝向茎或支棒运动，然后将其缠住。这些叶柄和丝状体也表现出作螺旋状收缩的一些倾向。蔓百合属植株未经缠绕的叶子的顶端，当它们长老时，收缩成一个扁的螺旋。这几件事实涉及真正的卷须，很有趣。

用叶攀援植物里，和缠绕植物一样，植株从地面长出的最初几个节间，至少在我所观察的例证中，并不自发地旋转；叶柄或最初形成的叶子的顶端也不敏感。铁线莲属的某些物种里，大型的叶，连同它们的旋转习性，以及它们的叶柄的极高敏感性，好像使得节间的旋转运动是多余的。这种旋转本领因而已变得大为减弱。金莲花属的某些物种里，节间的自发运动和叶柄的敏感性都已经减弱很厉害，并且在一个物种里已经完全消失了。

▲ 须叶藤（Flagellaria india Linn）。须叶藤科须叶藤属，多年生攀援植物，具有药用价值。

第 三 章

具卷须的植物

• *Tendril—Bearers* •

卷须的性质——紫葳科(Bignoniaceae),它的几个物种,以及它们的不同攀援方式——避光并且爬入裂缝的卷须——吸盘的发育——为缠住不同支持物的完善适应——花荵科(Polemoniaceae)—科比亚藤(*Cobaea scandens*),多须枝的和钩状卷须,它们的动作方式——豆科(Leguminosae)——菊科(Compositae)——菝葜科(Smilacaceae)—毛菝葜(*Smilax aspera*),它的低效卷须——紫堇科——蔓紫堇,它介于用叶攀援植物和具卷须植物的中间状态。

6408

所谓卷须，我是指那些对于接触敏感而且专用于攀援的丝状器官而言的。根据这个定义，一切用于攀援的刺、钩和细根都不包括在内。真正的卷须是由叶连同它们的叶柄、由花梗、枝条、[①]可能还有托叶，变态而形成的。冯·莫尔(Mohl)把几种外貌相同的器官包括在卷须名目之下，并根据它们的同源性质将它们分类，如变态的叶、花梗等等。这会是一个极好的方案。

但是我注意到，植物学家们对有些种卷须的同源性质的看法上并不是一致的。因而，我将遵循林德利的分类方法按自然科来描述卷须植物。在大多数情况下，该分类将使同性质的植物排列在一起。所要描述的物种属于10个科，将按下述顺序提出：紫葳科、花荵科、豆科、菊科、菝葜科、紫堇科、葫芦科(Cucurbitaceae)、葡萄科、无患子科(Sa-pindaceae)、

◀ 悬果藤(*Eccremocarpus Scaber*)在达尔文的花房里长势良好。其植株的节间运动有明显的间断，这在其他植物中较少看见。

① 因为没有机会观察由枝条变态而形成的卷须，在这篇文章里，当最初发表时，我含糊地谈到它们。但是在这以后，弗里茨·米勒曾经描述(《林奈学会会志》第9卷，344页)南巴西的许多显著例子。当谈到借助于或多或少变态的枝条而攀援的植物时，他叙述到可以追溯出下列几个发育阶段(a—e)：a. 仅靠它们的枝条成直角地伸出支持它们本身的植物——例如雪莓属(*Chiococca*)；b. 用它们的没有变态的枝条缠绕一个支持物的植物，如蔓远志属(*Securidaca*)；c. 靠它们的好像是卷须的枝条顶端而攀援的植物，如根据恩德利歇尔(Endlicher)提出的宿萼鼠李属(*Helinus*)；d. 具有变态很厉害而且暂时变为卷须的枝条的植物，但是这些卷须可以重新变成枝条，如某些蝶形花植物；e. 具有形成真正卷须的枝条，而且专用于攀援的植物，如马钱属(*Strychnos*)和羊蹄甲属(*Caulotretes*)。甚至没有变态的枝条，当它们缠绕支持物时，变粗很多。我还可以补充一例，思韦茨(Thwaites)先生从锡兰寄给我的一种金合欢属(*Acacia*)的标本，这种植物借助于像是卷须的、弯曲的或卷绕的小枝，在其生长上受到抑制而且具有尖锐倒钩，沿一棵相当大的树的树干向上攀援。

西番莲科[①](Passifloraceae)。

紫葳科　这个科包括有许多种卷须植物,一些缠绕植物和一些用根攀援植物。卷须都是由变态的叶构成的。这里描述的是从紫葳属(*Bignonia*)任意选出的9个物种,用以表示在同一属内结构和动作可能有多大的差异,并且表示有些物种的卷须具有多么显著的能力。这些物种总在一起,提供缠绕植物、用叶攀援植物、具卷须植物以及用根攀援植物之间的连接环节。

紫葳属(邱园植物园的一种未命名的物种,与猫爪藤(*B. unguis*)近缘,但是叶子较小较宽)——从一棵砍倒的植株长出的一条嫩枝用2小时4分钟的平均速度,逆太阳完成3周旋转。茎是纤细而柔韧的;它绕着一根细长的直立支棒,像任何真正的缠绕植物一样完善地和有规律地从左向右上升。在这样上升时,它没有使用卷须或叶柄;但是当它缠绕一根相当粗的棒,而且它的叶柄与棒接触时,这些叶柄便围棒弯曲,显出它们有某种程度的感应性。叶柄也表现出微弱的自发运动,因为在一例中它们确实画了一些小而不规则的竖立椭圆圈。卷须明显地把它们自己自发地同叶柄弯向同一侧;但是由于各种原因,难于观察

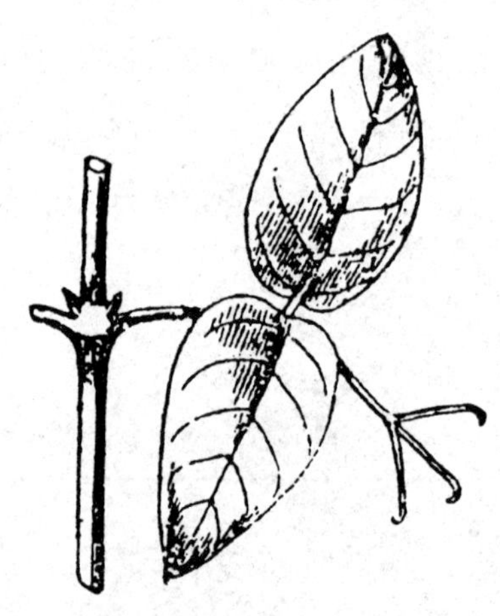

图5　紫葳属植物邱园的未命名的物种

① 尽我所知,卷须研究的历史如下:我们已知道帕尔姆和冯·莫尔约在同时观察到缠绕植物的自发旋转运动这个奇异现象。我推测,帕尔姆也观察到卷须的旋转运动;但是我对于这一点,觉得没有把握,因为他在这个问题上谈得很少。迪托舍特详细地描述了普通豌豆中卷须的这种运动。莫尔首次发现卷须对于接触敏感;但是由于某种原因,可能由于观察过老的卷须,他没有察觉它们有多么敏感,并且以为长时间的压力对于激发它们的运动是必要的。阿萨·格雷教授在一篇前面引用过的文章里,首次注意到有些葫芦科植物的卷须有极高的敏感性和运动的快速。

这个物种和下列两个物种中卷须或叶柄的运动。卷须在各方面都与猫爪藤的很相似，因此作一次性描述便足够了。

猫爪藤 其植株的幼嫩枝条能够旋转，但是比起前一种来较不规则而且较慢。茎不完整地缠绕于竖立支棒上，有时逆转它的方向，像在许多用叶攀援植物中描叙过的一样；并且这种植物虽然具有卷须，却在某种程度上像用叶攀援植物那样攀援。每片叶包括有一个生有一对小叶的叶柄，顶端为一条卷须，由三片小叶变态形成，极像上面所绘的图形（图 5）。但是它稍大些，在一棵年幼植株中长约半英寸（1.27 厘米）。它非常像一只小鸟的腿和去掉后趾的脚：笔直的腿或踝比三个趾长些，三趾是等长的，相互岔开，位于同一平面上；趾的顶端成为锐而硬的爪，向下弯曲很厉害，像鸟脚趾上的爪。叶柄对于接触敏感；甚至一个悬挂两天的小线圈使它向上弯曲；但是两个侧生小叶的小叶柄不敏感。整条卷须，就是踝和三个趾，同样地对接触敏感，尤其是它们的下表面。当一枝条生长于许多细枝中间时，卷须不久便由于节间的运动被带到与细枝相接触；然后卷须的一个趾或多于一个，一般是三个，发生弯曲，在数小时后，像一只停在树枝上的鸟紧紧地抓住细枝。如果是卷须的踝部同一细枝接触，它缓慢地继续弯曲下去，直到整个脚部完全弯绕，并且几个趾排列于踝的两旁抓住细枝。如果是叶柄同一细枝接触，它以同样的方式带着卷须弯转，卷须随即抓住它自己的叶柄或对生叶的叶柄。叶柄在自发地运动着，因而当一枝条试图缠绕一直立支棒时，在其两侧的叶柄在一段时间后便与支棒接触，受到激发而弯曲。最后这两个叶柄在相反方向缠住支棒，并且那脚状的卷须，彼此抓住或抓住它们自己的叶柄，把茎非常牢固地固定于支棒上。如果茎是缠绕一根细的直立支棒的话，卷须便这样被导致动作状态；在这方面本种与前种不同。

这两个物种，当其植株穿过灌木丛时是以同样方式使用它们的卷须。这种植物是我曾观察到的最有效的攀援植物之一，它很可能攀援一条被大风暴不断振荡着的光滑茎而上升。为了表示健康对于各部分的动作是多么重要起见，我可以提到一件事：当我首次检查一棵生长相当良好、然而不健壮的植株时，我竟下结论说，卷须的动作仅和荆棘上的钩刺相似，还有，它是所有攀援植物里最弱的，最低效的！

杜氏紫葳(*Bignonia tweedyana*) 本种同前种的亲缘关系很近，动作的方式也一样；但是也许更好地缠绕于一根直立支棒上。在同一棵植株上，一个枝条向一个方向缠绕，而另一枝条向相反方向。在一例中，节间绕成两圈，每圈在 2 小时 33 分钟内完成。在本种中我能够比在前两种中更好地观察叶柄的自发运动：一叶柄在 11 小时内画成 3 个直立的小椭圆圈，而另一叶柄画成一个不规则的螺旋。在一条茎已经缠绕一根直立支棒，并且靠缠绕的叶柄和卷须牢牢地固定于支棒之后不久，它从它的叶基发生气根；这些气根在一定程度上卷绕着并且贴附于支棒上。因此，这种紫葳属物种兼有各别植物所特有的 4 种不同的攀援方法，即缠绕、用叶攀援、用卷须攀援和用根攀援。

在上述三个物种中，当脚状卷须已经缠住一个物体时，它继续生长并且增粗，最后变得异常坚固，和用叶攀援植物的叶柄情况一样。如果卷须没有缠住物体，它先是缓慢地向下弯曲，然后它的缠绕能力消失。不久以后，它从叶柄上脱节，像秋叶那样凋落。在其他的卷须中，我没有看到过这种脱节现象，因为当它们未能缠住物体时，仅枯萎而已。

管花紫葳(*Bignonia venusta*) 这个物种的卷须与前种的颇为不同。其植株下部分，或踝部，是 4 倍于三个趾的长度；三个趾是等长的，均匀地岔开，但是不位于同一平面上；它们的顶端呈钝钩状，整个卷须形成一个完善的小锚。踝部的各面都敏感；但是三个趾仅在其外侧敏感。敏感性不很显著，因为用一细枝轻轻摩擦，要过 1 小时后才使踝或趾变弯，而且仅弯到微弱的程度。它们随后把自己伸直。踝部和趾都能很好地缠住支棒。如果将茎固定，可看到卷须自发地扫过大的椭圆圈；两个对生的卷须各自独立地运动。从下面两个近缘的物种的同功来看，我不怀疑这种的叶柄也自发地运动；但是它们不像猫爪藤和杜氏紫葳那样容易感应。幼嫩节间扫过大圆圈，一个在2小时15分钟内完成，另一个在2小时55分钟内完成。由于节间、叶柄和锚状卷须的联合运动，卷须不久便被引到同周围物体相接触。当一枝条位于一根直立支棒附近时，它便有规则地螺旋缠绕于棒上。当它上升时，它用它的卷须中的一条缠住支棒，并且，如果棒很细，左右两侧的卷须便轮流使用。这种轮流使用的动作是由于茎每做成一个完全的圆圈必然要自转一周所致。

卷须在缠住任何物体后，进行一个短期的螺旋状收缩；没有缠住物体的卷须，仅缓慢地向下弯曲。但是卷须的螺旋状收缩这个问题，将在卷须植物的所有物种描述之后再讨论。

海滨紫葳(*Bignonia littoralis*) 其植株幼嫩节间在大椭圆圈中旋转。一个具有未成熟卷须的节间做成两周旋转，每个在3小时50分钟内完成；但是当植物生长较老而具有成熟卷须时，它做成两个椭圆圈，每个用2小时44分钟的速度。这个物种不能缠绕一根棒。和前种不同，这不像是由于节间缺乏柔韧性或是由于卷须的动作所致，也一定不是由于缺乏旋转能力。我也不能解释这件事。然而该物种植株由于使用它的两个对生卷须缠住上面的一点，卷须随即螺旋收缩，便容易沿一根细的直立支棒上升；如果卷须没有缠住任何物体，它们不变成螺旋状。前述物种，由于螺旋式缠绕和由于轮流使用它的对生卷须来缠住支棒，沿一竖立支棒上升，像一个船员轮流使用两手将自己攀上一根绳索一样；这个物种则是像一个船员一起使用双手抓住头部上面的绳索那样，把自己的身体向上牵引。

卷须在结构上和前种的相似。甚至在它们已经缠住一个物体以后，它们还继续生长一些时候。当卷须完全长成时，即使是在一幼嫩植株上，它们长达9英寸(22.86厘米)。同前种相比，三个岔开的趾相对于踝部来说是更短些；它们的尖端是钝的，而且稍作钩状；三趾在长度上不完全相等，中间的一个比其余两个长。它们的外表面非常敏感。因为当其被细枝轻轻摩擦时，它们在 4 分钟内便出现辨别的弯曲，在 7 分钟内大大弯曲；在 7 小时内它们重新伸直，并且准备再运动。踝部，靠近趾部有 1 英寸的一段敏感，但是在程度上低于趾部；因为后者经轻擦后，约在一半时间内便可弯曲。当卷须一旦达到成熟时，甚至踝部的中段对于拖长的接触也敏感。它长老后，敏感性只限于趾部，并且它们只能绕着一根支棒很缓慢的卷曲。当三个趾一旦岔开，在这个时期它们的外表面先变得有感应性，卷须便完全准备着动作。感应性从一个受刺激的部位仅是很微弱地扩展到另一部位，因而当一根棒被紧接在三趾下面的部位捉住时，三个趾难得缠住它，而是仍旧向外直伸。

卷须能够自发地旋转。在卷须因趾部岔开而变成一个三爪小锚之前，并且在任何部位变得敏感之前，这种运动便已开始，因而旋转运动在这个早期是无用的。这种运动这时也很缓慢，在 24 小时 18 分钟内相继做成两个椭圆圈。一个成熟的卷须在 6 小时内做成一个椭圆圈，因而它的运动比起节间来要慢得多。所扫过的椭圆圈，在垂直和水平两平面上，都很大。叶柄一点也不敏感，但是像卷须一样旋转。我们于是看到，幼嫩节间、叶柄和卷须都继续一起旋转着，不过有不同速度而已。相互对生的卷须，其运动是很独立的。因此，当整个枝条可以自由旋转时，没有什么能够比每个卷须顶端所经过的路线更为错综的了。于是便有一个广阔的空间可以供它到处搜寻可缠绕的物体。

另一个奇异特点还没有叙述过。当那些趾已经紧紧地缠住一根棒以后的几天内，它们的钝的顶端发育成为不规则的盘状球，这种盘状球能够牢固地黏附于木材上，不过不是总有这种结构发育出来。因为类似的细胞突出生长将在讨论喇叭花藤（*B. capreolata*）时详细描述，这里就不多说了。

Bignonia aequinoctialio* 变种 *chamberlanynii 其植株节间、不敏感的细长叶柄以及卷须都会旋转。茎不会缠绕，但是按和前种相同的方式沿一直立支棒上升。卷须也和前种的相似，

不过较短些；三个趾更不等长，两个外趾比中趾短 1/3 左右并且较细。不过它们在这方面是有差异的。它们的顶端成为小而硬的尖；更重要的是，没有发育出细胞组成的吸盘。两趾的减小以及它们的减弱的敏感性似乎表示退化的倾向；并且在我的一棵植株里，先形成的一些卷须有时是简单的，也就是不分裂成三趾。这自然导致我们提及以下三种具有不分枝的卷须的植物。

刺果紫葳(*Bignonia speciosa*)　　其植株的幼嫩枝条用 3 小时 30 分钟到 4 小时 40 分钟的不同速度进行不规则的旋转，做成窄椭圆圈、螺旋或圆圈；但是它们没有表现出缠绕的倾向。当植物幼嫩并且不需要支持物时，卷须没有发育。着生于相当年轻的植物体上的卷须长达 5 英寸(12.7 厘米)。它们和短而不敏感的叶柄一样，能自发地旋转。当受到摩擦时，它们缓慢地弯向摩擦过的一面，随后使自己伸直；但是它们并不很敏感。在它们的习性中有件奇怪的事：我再三放置粗的和细的、粗糙和光滑的棒和柱，以及竖直悬挂的细绳在它们附近，但是没有一种物体被很好地缠住过。在缠住一根直立支棒以后，它们再三地重新松开，并且常会根本不缠住它，或者顶端不紧紧将其卷绕。我曾观察过属于葫芦科、西番莲科和豆科植物的几百个卷须，从未看见一个有这种方式的动作。然而当植物长高到 8～9 英寸时，卷须动作做得比较好。现在它们水平地缠住一根细的直立支棒，就是，在它们自己的水平上的一点，而不像所有前述物种那样在棒上较高的部位。不过，这种不能缠绕的茎就是靠这种方法沿支棒上升。

卷须的顶端几乎是直的并且尖锐。整个顶部表现出一种特殊习性，这在动物中会被称为一种本能，因为它在不断寻找可使自己穿入的任何裂缝或孔隙。我有过两棵年幼的植株，在观察到这种习性以后，我放置一根为甲壳虫蛀过的或因干燥而开裂的木柱在它们附近。卷须靠它们自己的运动和节间的运动，缓慢地绕过木柱的表面，当顶端遇到一个孔隙或裂缝时，它把自己穿入；顶部长 0.25 或 0.5 英寸处，常使自己成直角弯向基部，这样可使这个动作有效。我曾观察这个过程二三十次。同一卷须常会从一个小孔撤回，再把尖端穿入第二个孔里。我也看到过一卷须保持它的尖端在小孔里，一例中为 20 小时，另一例经 36 小时，然后撤出。当尖端这样暂时穿入时，对生的卷须继续旋转。

一卷须的整个长度常使自己密切地适合于所接触的任何木柱表面。我曾看到过一卷须因穿入一个宽而深的裂缝里而弯成直角，它的尖端突然反卷，再穿入侧面的一个小孔。卷须已缠住一根支棒以后，它做螺旋状收缩；如果没有缠住什么，它竖直下垂。如果它虽然没有缠住物体而仅是适合于一根粗棒的不平坦表面，或者如果它已把尖端穿进小裂缝里，这种刺激已足够引起螺旋状收缩。但是这种收缩动作总是把卷须从柱上拉开，因而在每种情况下，这种好像是完善地适应某种目的的动作是没有用处的。然而有一次即尖端永久地塞进一个窄的裂缝里。根据喇叭花藤和海滨紫葳的同功来看，我十分希望那尖端将会发育成为吸盘，可是我从未看到过这个过程的一丝痕迹。所以关于这种植物的习性，现在还有些不明了之处。

五叶紫葳(*Bignonia picta*)　　这个物种的植株在卷须的结构和运动上同前一种很相似。我也偶然地检查过一棵近缘的林氏紫葳(*B. lindleyi*)的生长良好的植株，这种植物在各方面的表现都明显和前种一样。

喇叭花藤(*Bignonia eapreolata*)　　现在我们来谈一种具有另一种类型的卷须的物种，不过先谈一下节间。其植株的一条幼嫩枝条顺着太阳用 2 小时 30 分钟的平均速度做成 3 周大旋转。茎细而柔韧，我曾看到一条茎做成 4 个有规则的螺旋，围绕一根细的直立支棒从右向左上升，因而与前种比较，它缠绕的方向相反。以后，由于卷须的干扰，它或者呈直线沿棒上升，或者按不规则的螺旋线上升。这种卷须，在有些方面很值得注意。在年幼植物中，它们长约 2.5 英寸(6.35 厘米)并且多分枝，5 条主须枝显然代表两对小叶和一个顶端小叶。然而每个须枝在顶端有两叉，一般多为三叉，其尖端是钝的然而明显地呈钩状。卷须弯向任何被轻轻摩擦的一侧，随后重新伸直；但是一个重0.25格令（16.2毫克）的线圈没有发生作用。有两次顶端须枝接触到一根支棒后，在10分钟内变得稍微弯曲；在30分钟内尖端完全卷绕过支棒。基部的敏感性差些。卷须以显然无常的方式旋转，有时很轻微或者根本静止不动；在另一些时候，它们"描绘"大的不规则椭圆圈。在叶柄里，我没有检查出有自发运动。

当卷须多少是有规则地旋转时，另一种值得注意的运动发生，就是，卷须从房间的光亮一面向着最暗一面缓慢倾斜。我再三地改变植株的位置，并且在旋转运动已经停止后不久，陆续形成的卷须总是在最后指向最暗的一面。当我放置一根粗棒在一条卷须附近，在光和暗之间，卷须指向暗的方向。在两侧中，一对叶子所取的位置使两条卷须中的一条指向房间的光亮一面，另一条指向最暗一面；后一条没有移动，但是对生的一条先向上弯曲，然后正好弯到另一条的上方，于是两条成为平行的，一条在另一条之上，都指向黑暗；然后我把植株转动半圈；已经转过去的卷须恢复它原来的位置，以前没有移动的对生卷须，现在转过去朝向暗侧。最后，在另一棵植株上，3对卷须由3个枝条同时形成，都碰巧指向不同方向。我把这个花盆放在一个仅一面开口的箱子内，斜对着光线；在两天内，6条卷须虽然各以不同的方式弯曲，都无差别地指向箱子的最暗一角。6个风向标指示风向也不能比这些有分枝的卷须指示即进入箱里的光路更为正确的了。我让这些卷须不受干扰地经过24小时，以后把花盆转动半周；但是它们已经消失它们的运动能力，不能再躲避光线。

当一条卷须通过它自己的或枝条的旋转运动，或是由于弯向任何遮断光线的物体而未能缠住一个支持物时，它就垂直地向下弯曲，以后弯向它自己的茎，将茎和支棒一起缠住，如果有支棒的话。这样便稍有助于茎保持稳定。如果卷须没有缠住什么，它不作螺旋收缩，但是不久枯萎脱落；如果它缠住一个物体，所有须枝都作螺旋收缩。

我曾经叙述过，一卷须同一支棒接触以后，它便在半小时左右将它卷绕。但是我再三观察到，和在刺果紫葳和它的近缘植物里一样，它时常又脱开那根支棒；有时缠住而后脱开同一条支棒三四次。由于知道卷须是回避光线的，我给它们一个内面涂黑的玻管和一片涂得很黑的锌板；须枝绕着玻管卷曲，并绕着锌板边缘急转；但是它们不久便以我只能称为是厌恶的姿态从这些物体撤回，并使自己伸直。我以后在一对卷须附近放置一根具有极粗糙树皮的木柱；它们两次接触它一二小时，又两次撤回；最后，一个钩状顶尖围着树皮上一个很微小的突出点卷绕并将其牢固地缠住，其余须枝准确地顺着表面上的不平坦处伸展出去。我后来放置一根没有树皮然而有很多裂缝的木柱在这种植物附近，卷须的尖端爬进所有裂缝里，样子很好看。我意外地观察到须枝还没有完全分开的未成熟卷须，其尖端也爬入裂缝，正和根一样。尖端爬入裂缝后，或是它们的钩状顶端已经缠住细微的突出点后，两三天内便开始现在要描述的最后步骤。

我是由于偶然留下一段绒线在一卷须附近，才发现这个步骤的。这启发我把适量的亚麻、藓和绒线松松地捆在棒上，把它们放在卷须附近。绒线必须是未经染色的，因为这些卷须对于有些毒物非常敏感。钩状顶端不久便缠住那些纤维，甚至是松散地飘动着的纤维，并且现在不撤回；恰恰相反，这种刺激促使钩状顶端穿入纤维团里，并且向内卷曲，以致每个钩紧紧地缠住一两根纤维，或一小束纤维。钩的顶端和内部表面现在开始膨胀，并且在两三天内明显增大。再过几天后，钩变成白色的不规则球状物，直径超过 0.05 英寸(1.27 毫米)，由粗疏细胞组织构成，这样的球状物有时完全包围着并且陷没了钩本身。球的表面分泌出某种胶黏的油脂物质，亚麻等纤维粘于其上。当一根纤维已经黏附于该表面上，细胞组织不是恰在它的底下，而是紧靠着它的两侧继续生长；所以当有几根即使是极细的相邻纤维被黏住时，很多不到人发那样细的冠毛状细胞物质在它们之间生长出来，它们在两侧拱弯过来，紧紧地贴附在一起。当球的整个表面继续生长时，有新的纤维黏附并且后来被包围；因而我曾看到一个小球具有五六十根亚麻纤维，在不同角度上交织着并且都被埋藏于不同深度。这个过程里的每个阶段可以追寻出来——有些纤维仅黏在表面，其他的卧于深浅不同的沟里，或深深地埋藏着，或穿过细胞球的中心。埋藏的纤维被紧紧地缠住，以致不能把它们抽出。突出生长的组织有很强烈的结合倾向，以致由不同卷须形成的两个球有时结合并长成为一单个。

有一次，当一条卷须已经卷绕于一根直径0.5英寸的棒上时，它形成一个吸盘；但是在光滑的棒或柱的情况下，这种现象一般不发生。然而，如果尖端缠住一个微小的突出点，其他须枝形成吸盘，尤其是如果它们找到可以爬入的裂缝。卷须不能使自己黏附于一道砖墙上。

由于吸盘或球上可黏附纤维，我推测它们分泌某种油脂的黏性物质。更由于这样的纤维如浸在硫酸醚里会松散开，这种液体同样地可除去通常在较老的吸盘上看到的棕色有光泽的小点。如果卷须的钩状顶端没有接触到任何物体，据我所看到的，吸盘从来不会形成[①]；但是一段相当时间的临时接触便足够促成它们发育。我曾看到同一条卷须上有8个吸盘形成。在它们发育后，卷须作螺旋状收缩，并且变成木质的，很坚固。在这样状况下的卷须支撑着近7盎司[②]的重量，要不是吸盘所黏附的亚麻纤维承受不住的话，显然还会支撑更大的重量。

根据现在提出的一些事实，我们可以推测，这种紫葳属植物的卷须虽然偶然能够黏附于光滑的圆柱状棒上，时常是黏附于粗糙的树皮上，然而它们特别适应于攀援被地衣、藓类或其他类似产物所覆盖的树木上。并且我听阿萨·格雷教授说，在北美这种紫葳生长的地区里，林木上有大量的灰白水龙骨(*Polypodium incanum*)。最后，我可以评论说，这是一种多么特别的事

① 弗里茨·米勒说，在南巴西，*Haplolophium*(紫葳科)的三裂卷须，没有接触到任何物体，顶端便有平滑的有光泽吸盘。然而，这些吸盘在黏附于任何物体后，有时变得相当膨大。

② 盎司(oz)，1盎司＝28.3495克

情，一片叶子竟然变态形成一个分枝的器官。它避开光线，并且它能够靠它的顶端或者像根似地爬入裂缝里，或者缠住微小的突出尖端，这些顶端以后形成细胞的突出生长，分泌一种黏性的胶合物质，然后靠它们的继续生长包围最细的纤维。

悬果藤(*Eccremocarpus scaber*)(紫葳科)　这种植物的植株，虽然在我的花房里生长得相当好，在它们的茎或卷须中没有表现出自发运动。但是当其被移到温室后，幼嫩节间用1小时13分钟到3小时15分钟的变动速度进行旋转。用前面的异常快的速度扫过一个大圆圈，圆圈或椭圆圈一般不大，并且有时所经过的路线很不规则。一个节间在做成几周旋转后，有时停止不动12小时，或18小时，然后再开始旋转。在节间的运动中有这样非常明显的间断，我难于在任何其他植物里看到。

叶子有4片小叶，它们本身再分裂，顶端是多分枝的卷须。叶子的主叶柄，当幼嫩时，自发地运动，并且沿着几乎和节间一样的不规则路线和用大致相同的速度。朝向茎和背离茎的运动最明显。我曾看到一个弯曲叶柄的弦与茎做成59°角，1小时后做成106°角。两个对生叶柄的运动不一致，一叶柄有时上举很高以致贴近于茎，然而另一叶柄近于水平。叶柄茎部运动得比顶部少得多。卷须，除去被运动的叶柄和节间带动外，自己也自发地运动；并且两个对生的卷须偶然向相反方向运动。由于幼嫩节间、叶柄和卷须的联合运动，便有相当大的空间去寻找一个支持物。

在年幼的植株中，卷须长约3英寸，它们有两条侧生的和两条顶生的须枝；并且每枝分叉两次，其顶端为有钝尖的双钩，两钝尖指向同一侧。所有须枝在各个表面都敏感，经轻轻地摩擦或同一根棒接触后，约在10分钟内便发生弯曲。一条被轻轻摩擦后10分钟内变弯的须枝，继续弯曲3～4小时，在8～9小时内重新伸直。没有缠住物体的卷须，最后收缩成一个不规则的螺旋，和它们在缠住支持物以后一样，只是在后一情况下更快些。在这两种情况下，具有小叶的主叶柄，它起先是直的并且稍向上倾斜，现在向下运动，其中部骤然弯成直角；但是这种现象在红花悬果藤(*E. miniatus*)里看到的比在悬果藤里更清楚。本属里卷须的动作在有些方面和喇叭花藤的相似;但是整条卷须不会背光运动,并且具钩状顶端也不膨大成为细胞组成的吸盘。在卷须同一根相当粗的圆柱状支棒或粗糙的树皮接触以后,可以看到几条须枝缓慢地将自己举起,改变它们的位置,再和支持面接触。这些运动的目的是引导须枝顶端上的双钩与木柱接触,它们原来是朝向各个方向。

我曾观看了一条卷须,它的一半已经围着一根方柱的锐角弯成直角,利落地引导每个钩同成直角的两表面相接触。这种外貌使人相信,虽然整个卷须对光不敏感,但是尖端敏感,它们朝向任何黑暗表面转动而扭转它们自己。最后,须枝把自己利落地排列于最粗糙树皮的不整齐部位,因而它们的不规则路线便好像是地图上刊印的有支流的江河。但是当卷须已经缠绕一根相当粗的棒时,随后的螺旋收缩一般会把它拉开,这便破坏了那灵巧的安排。当卷须曾将自己在粗糙树皮的一大片近于平坦的表面上铺开时,它也是如此,不过没有那么明显。我们因而可以断定,这些卷须并不是完善地适应于缠住相当粗的棒或粗糙的树皮。如果一根细棒或小枝放在卷须附近,顶端须枝会完全缠绕它,然后缠住它们自己的下部须枝或主茎。这根棒便这样被牢固地,但不是灵巧地缠住。卷须所真正适应的,好像是某些禾本科植物的细杆,或是刷子的长柔韧刚毛,或是像天冬的细而硬的叶子这类物体,卷须以极妙的方式缠住它们。这是由于须枝接近小钩的顶端部分对于最细物体的接触特别敏感,它们随即将其缠绕。例如,当将一把小刷放在卷须附近,每个侧生须枝的顶端会缠住一根、两根、或三根刚毛;然后几个须枝的螺旋收缩把所有这些小束聚拢在一起,结果,30～40 根刚毛集成一个单捆,提供一个极好的支持物。

花葱科(Polemoniaceae)——科比亚藤(*Cobaea scandens*) 这是一种结构完善的攀援植物。一棵良好植株上的卷须长达 11 英寸,其叶柄仅 2.5 英寸长,有两对小叶。除去一种西番莲外，它们都旋转得比我所观察的任何其他卷须植物更快更有力。逆着太阳的方向完成 3 周大而近于圆形的旋转：每个在 1 小时 15 分钟内完成；另外两个圆圈在 1 小时 20 分钟和 1 小时 23 分钟内完成。有时一条卷须运转时的位置很倾斜，有时近于直立。下部移动得很小，叶柄完全不动。节间也不旋转，因而这种植物里仅卷须单独运动。另一方面，在大多数紫葳属和悬果藤属的物种中，节间、卷须和叶柄都旋转。科比亚藤属的长而直的、逐渐尖细的卷须主轴有互生的须枝；每个须枝分裂数次，较细的须枝细如极细的刚毛并且非常柔韧，以致它们可被一口呼气吹动；然而它们很坚固并且具有高度弹性。每条须枝的顶端稍呈扁平状，尖端有微小的双钩（有时是单钩），由硬而半透明的木质物质构成，锐如最细的针。在一条长 11 英寸的卷须上，我数过有 94 个结构完善的小钩。它们易于钩住软的木材、手套或裸手的皮肤。除去这些变硬的钩和中轴的基部外，每个小须枝的各部位的各个表面都对一轻微接触非常敏感，在几分钟内就弯向被接触的一面。由于在反面又轻轻摩擦几个须枝，整个卷须很快地取得非常曲折的形状。这些因接触而发生的运动并不干扰通常的旋转运动。须枝因接触大大弯曲后，用比我所看到的任何其他卷须中更快的速度使自己伸直，就是在半小时到 1 小时之间。卷须在已缠住任何物体后，经过一段少有的短暂时间，就是在 12 小时左右，也开始螺旋收缩。

在卷须成熟以前，顶端小须枝还黏合着，并且钩是紧紧向内卷曲。在这段时期，没有一个部位对接触敏感；但是一旦须枝岔开和钩伸出时，就获得充分的敏感性。这里有个奇怪的情况，即不成熟的卷须在变得敏感以前是以全速旋转着，因在这种状况下它们不能缠住物体，这时的旋转是无效的。攀援植物的结构和功能之间，这种缺乏完善的相互适应，虽然只是很短的时间，也很少见。卷须一旦准备动作，便和支持它的叶柄一起向上直立。叶柄上的小叶这时还很小，并且正生长的茎的顶端弯向一侧，于是便避开了正顶上扫着大圆圈的旋转卷须的路线。卷须因而是在一个很适于缠住上面的物体的位置上进行旋转。靠这种办法，植物的上升得到有利条件；如果没有缠住物体，叶子和卷须一起向下弯曲，最后取得水平位置，因而便留下空间给紧接在下面的较幼嫩卷须向上直立和自由地旋转。老的卷须一旦向下弯曲，它消失了一切运动能力，并且螺旋收缩成错综的一团。虽然卷须旋转得异常快速，运动仅持续很短的时期。温室里一棵生长旺盛的植株中，一条卷须从它变得敏感时算起，旋转的时间不超过 36 小时；但是在这段时期内，它可能成至少 27 周旋转。

当旋转的卷须撞到一根棒时，须枝便迅速绕其弯转并且缠住它。小钩在这里起了重要作用，因为它们在须枝有时间稳固地缠住支棒以前，可以防止须枝被迅速地旋转拖曳开。当仅有一个须枝的顶端缠住支持物时，特别是如此。当卷须一旦已围绕着一根光滑的棒或是一根不平的粗柱而弯曲时，或是已同刨光的木材接触时（因为它能够暂时贴附于像这样光滑的表面上），像在喇叭花藤和悬果藤属中所描述过的、同样的奇特运动便可以看到。须枝反复地把自己上举和下垂；钩已经下指的那些须枝保持着这个位置并且将卷须稳定住，而其余须枝则向各方扭转，直到它们把自己安排得与表面上的每个不平处相适合，并且把它们的钩带到与木材接触。钩的用途可由提供给卷须可缠住的玻管或玻片很好地表示出来；因为这些物体，虽然被暂时缠住，或者在须枝重新排列时或者最后当螺旋收缩发生时，总是被放弃的。

须枝像细根似地爬行于表面上的每个不平坦处，并钻入任一深缝里，它们这样安排自己的完善方式，是一个奇观；因为这个种可能比任何其他物种更有效地完成这个动作。这种动作肯定是更显著，因为主茎的上表面和每个须枝直达顶钩的上表面，是有棱角的并且呈绿色，而下表面是半圆形和紫色的。这引起我推测，像以前的例证中一样，是较少的光亮在指引卷须须枝的运动。我用黑白两色的卡片和玻璃管进行多次试验来证实这个推测，然而由于各种原因而失败；不过这些试验支持这种想法。

因为一卷须是由分为多裂的叶子构成，一旦卷须被固定并且旋转运动停止，所有的裂片把它们的上表面都转向阳光，是无可惊异的。但是这不能解释全部运动，因为那些裂片除去围绕自己的轴自转致使它们的上表面朝向阳光外，实际上是弯向黑暗的一面。

当这种科比亚属植物在露天生长时，风必然会帮助其极柔韧的卷须缠住支持物，因为我发现仅是一口呼气便足够使最顶端的须枝用它们的钩抓住它们靠旋转运动不能达到的小枝条。可能会认为，卷须靠单个须枝的顶端这样钩住，不能适当地缠住支持物。但是我有几次注意到以下的情况：一条卷须靠它的两条顶端须枝中的一条的钩抓住一根细棒；它虽然受到这个顶端的这种约束，仍然作旋转的尝试，弯向各个方向，并且靠这个运动，另一条顶端须枝不久也抓住那根支棒。第一条须枝然后把自己松开，并且，由于安排它的钩，又重新抓住支持物。过些时候，由于卷须的继续运动，第三条须枝也抓住支持物。由于卷须当时所取的位置，其他须枝不可能触碰到那根支棒。但是不久后主轴的上部分便开始收缩成为一个松散的螺旋，于是它把这个卷须所着生的枝条拖向那根支棒；当卷须继续尝试旋转时，第四条须枝被带到与支棒接触。最后，因螺旋收缩沿主轴和须枝向下发展，所有的须枝依次地与支棒相接触。它们然后绕棒缠绕，也彼此互相缠绕，直到整个卷须结集成一个错综的结。卷须虽然在开始时是十分柔韧的，在缠住一个支持物后短时间内，变得比原来更坚硬更牢固。植物因而以一个完善的方式稳定于其支持物上。

豆科(Leguminosae)——豌豆(*Pisum sativa*) 豌豆是迪托舍特的一篇有价值的论文的课题[1]，他发现其植株节间和卷须旋转成椭圆圈。椭圆圈通常很狭窄，但有时近于圆形。我几次观察到，长轴缓慢地改变方向，这很重要，因卷须这样便可扫过较

① 法兰西科学院学报，第3卷，1845年，989页。

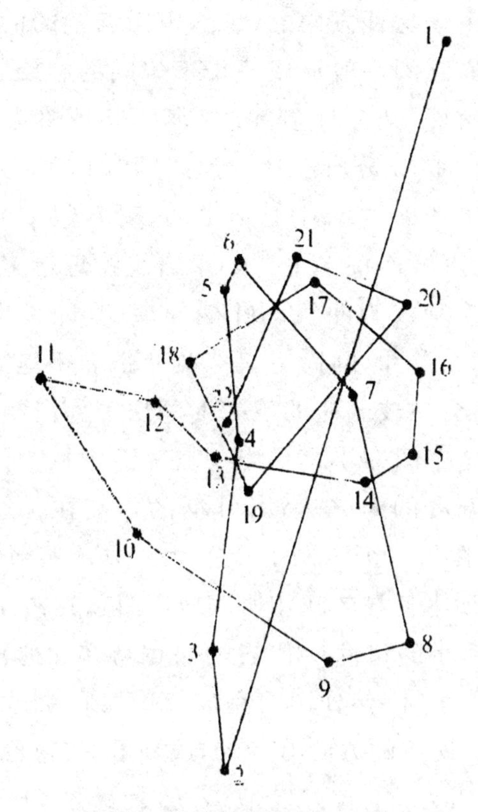

图 6　房间具有窗户的一面

线图表示豌豆的上部节间的运动，画在一个半球面玻璃片上，

转描于纸上；大小上缩小一半(8 月 1 日)

编号	时长			编号	时长		
1	8 时	46 分	上午	12	3 时	30 分	下午
2	10 时	0 分	上午	13	3 时	48 分	下午
3	11 时	0 分	上午	14	4 时	40 分	下午
4	11 时	37 分	上午	15	5 时	5 分	下午
5	12 时	7 分	下午	16	5 时	25 分	下午
6	12 时	30 分	下午	17	5 时	50 分	下午
7	1 时	0 分	下午	18	6 时	25 分	下午
8	1 时	30 分	下午	19	7 时	0 分	下午
9	1 时	55 分	下午	20	7 时	45 分	下午
10	2 时	25 分	下午	21	8 时	30 分	下午
11	3 时	0 分	下午	22	9	15	下午

宽广的空间。由于这种方向的改变，也由于茎的向光运动，相继的几个不规则椭圆圈一般形成一个不规则的螺旋。我认为值得提出一棵年幼植株，其上部节间（卷须的运动略去）从早晨 8 时 40 分到晚上 21 时 15 分所经过的路线图（图 6）。路线是在罩在植物上的一个半球面玻璃片上画出的，附有数字的点给出观察的时间，各点用直线连接起来。如果路线在短得多的时距观察，所有的线条将无疑成为曲线。叶柄的顶端，即长出幼嫩卷须的部位，距玻璃片 2 英寸，因而一只 2 英寸长的铅笔如果能够固定于叶柄上，它便会在玻璃片的下表面画出下面所附的线路图；但是，务请注意，这个图缩小了一半。略去图中从 1 点到 2 点所表示的第一次大幅度的向光运动，叶柄的顶端在一个方向上扫过 4 英寸的距离，在另一个方向上 3 英寸。成熟卷须的长度远超过 2 英寸，并且卷须本身与节间相协调地弯曲和旋转，因而扫过的距离要比这里按缩小的尺寸所代表的要宽得多。迪托舍特观察到一个椭圆圈在 1 小时 20 分钟内完成；我看到一个是在 1 小时 30 分钟内完成的。所取的方向有变动，或顺着、或逆着太阳的方向。

迪托舍特认为，叶柄自发地运动，幼嫩节间和卷须也是如此；但是他没有说他固定了节间。当这样做的时候，我从未能检查出叶柄有任何运动，除去向光和背光运动以外。

另一方面，当节间和叶柄被固定时，卷须画出不规则的螺旋或有规则的椭圆圈，正和节间所做的一样。一条长仅 1.125 英寸（2.86 厘米）的幼嫩卷须能够旋转。迪托舍特曾证明，当将一植株放在室内，光线从侧面射入，节间向光的运动比背光的快得多；另一方面，他宣称，卷须本身是背着光向着房间里黑暗一面运动。对这位伟大的观察者我相当尊敬，我以为他是因为没有固定节间而造成了错误。我取一棵非常敏感的年幼植株，并且捆住节间使卷须能够单独运动。它在 1 小时 30 分钟内完成一个完好的椭圆圈；我然后把植物部分地转动，不过这没有使相继形成的椭圆圈发生方向上的变化。次日我观看一棵同样固定的植株，直到卷须（它非常敏感）恰好在向光和背光的路线上做成一个椭圆圈；这个运动很大，以致卷须在它的椭圆路线两端把自己弯到稍在水平线以下，因而行动超过了180°；但是朝向房间里光的一面的弯曲度是和朝向暗的一面一样大。我相信迪托舍特由于没有固定节间，同时由于观察一棵节间和卷须因年龄不同因而弯曲不再协调的植株而造成错误。

迪托舍特对于卷须的敏感性没有做过观察。当卷须幼嫩时，约长1英寸，叶柄上的小叶还只部分展开，它们非常敏感；如在靠近其顶尖的下侧或凹面用一根小枝轻轻地摩擦一次，便使它们迅速弯曲，和一个重0.129格令(9.25毫克)的线圈偶然做到的一样。上侧或凸面仅稍微敏感或完全不敏感。卷须因接触而弯曲后，大约在2小时内伸直，然后准备重新行动。它们一旦开始长老时，它们的两三对须枝的顶端变成钩状，好像形成了一个完美的钩具。但是实际并不如此。因为在这个时期，它们一般已经完全消失了它们的敏感性；当钩在小枝条上时，有些完全没有受到影响，其他的需要18小时到24小时才缠住小枝。然而，由于它们的顶端成为钩状，它们还能够利用感应性的最后残余；最后，侧生须枝作螺旋收缩，不过中轴即主轴并不如此。

无叶山黧豆(*Lathyruo aphaca*)　这种植物没有叶子，除在很早时期外，叶子被卷须取代，叶子本身又为大的托叶代替。因而可能认为，这种卷须会有高级的结构，然而并非如此。它们相当长而细，不分枝，尖端稍微弯曲。幼嫩时，它们在各个表面都敏感，但是主要是顶端的凹面。它们没有自发的旋转能力，但是最初是向上倾斜于45°角左右，然后移向水平位置，最后向下弯曲。另一方面，幼嫩节间旋转成椭圆圈，并且带着卷须一起。完成了两个椭圆圈，每个在近5小时内完成；它们的长轴方向与前一个椭圆圈的轴成45°角。

大花山黧豆(*Lathyruo grandifloruo*)　所观察的植株年幼，并且生长不旺盛，但是我认为还是足够茁壮，可以作为可靠的观察对象。如果是这样的话，那么我们得到一个节间和卷须都不能旋转的罕见例证。壮健植株的卷须长逾4英寸，常分裂两次成为三枝；顶端弯曲，在凹面敏感；中轴下部几乎完全不敏感。因而这种植物的攀援好像仅仅通过轴的生长，或是更有效地靠风力，使卷须同周围物体相接触，它们随后将它缠住。我附带地提一下，蚕豆的卷须或节间、或两者，都能旋转。

菊科（Compositae）——摩天菊（*Mutisa clematis*） 菊科这个大科包括很少攀援植物。在第一章的表里，我们看到米甘菊（*Mikania scandens*）是一种常见的缠绕植物。弗里茨·米勒告诉我，南巴西另有一种是用叶攀援的植物。据我所知道的，米甘菊属是这个科里唯一有卷须的属。因而，如下情况是值得注意的，即这种植物的卷须虽然从它们原始的叶器官状况变态的程度比其他大多数卷须要少些，然而表现出一切普遍有特征性的运动，既有自发的运动，又有因接触而激发的运动。

长形叶具有 7～8 个互生的小叶，顶端为卷须，在相当大的植株中长约 5 英寸。它一般包括有三个须枝，这些须枝虽然伸展很长，显然代表三片小叶的叶柄和中脉。因为它们很像普通叶子中的相应部分，即上表面成长方形，有沟，边缘带绿色。此外，幼嫩植株卷须的绿色边缘有时扩展成为狭窄的叶片。每个须枝稍微向下弯曲，在顶端稍弯成钩状。

植株的幼嫩上部节间能够旋转，从 3 周旋转判断，平均速度是 1 小时 38 分钟；它扫过椭圆圈，其长轴互成直角。但是这种植物显然不能缠绕。叶柄和卷须二者都经常运动，但是它们的运动比节间的要慢些，并且所画的椭圆圈更不规则。它们好像很受光的影响，因为整个叶子通常在夜间下垂而在白天上举，在白天也向西沿一条弯曲的路线移动。卷须顶端在下表面非常敏感，刚用一小枝接触过的卷须在 3 分钟内就出现可辨别的弯曲，另一卷须在 5 分钟内；上表面完全不敏感；侧面是中等敏感，因而在内表面相互摩擦的两条须枝便会聚起来并相互交叉。叶柄以及卷须的下部，在上部小叶和最下部的须枝之间不敏感。卷须因接触而卷曲后，在约 6 小时内重新伸直，准备再运动；但是一条卷须曾被强烈摩擦而卷成螺旋状，直到 13 小时后才能完全伸直。卷须保持着它们的敏感性到非常晚的时期；因为一片叶在上部已有5～6片完全成熟的叶子，它的卷须仍然活跃。如果卷须没有缠住物体，在一段相当时间后，须枝的顶端稍微向内弯曲；但是如果它缠住某个物体，整个卷须便作螺旋收缩。

菝葜科(Smilaceae)——斑点欧亚菝葜(*Smilax aspera var. maculata*) A.圣伊莱尔(Aug. St.-Hilaire)[①]认为，植株由叶柄长出的成对卷须是变态的侧生小叶；但是莫尔把它们列为变态的托叶。卷须长1.5到1.75英寸，很细，具有稍微弯曲的有尖的顶端。它们彼此稍微岔开，最初是近于直立的。当在任何一面受到轻微摩擦时，它们便缓慢地弯向那一侧，以后重新伸直。背面或凸面同一根棒接触时，在1小时20分钟内有刚可辨别的弯曲，但是直到48小时以后才完全围绕支棒；另一条的凹面在2小时内便有相当的弯曲，在5小时内可缠住一根支棒。当成对的卷须长老时，一条卷须同另一条彼此越来越岔开，并且都缓慢地向后和向下弯曲，因而在一段时间后，它们向它们在茎上着生点的相反一侧伸出。那时它们仍然保持着它们的敏感性，能够缠住放在茎后面的支持物。由于这种能力，植物能够沿一根直立细棒上升。最后，那两条属于同一叶柄的卷须，如果没有同任何物体相接触，会松弛地相互交叉于茎的后面，如图7中的B。卷须朝向并且围绕茎的运动，在某种程度上，是由于它们的避光运动所引导；因为当一棵植物所取的位置，使两个卷须中的一个被迫缓慢地向光移动，另一个背光移动，后面这个卷须，我反复观察到，总是比另一个运动得快些。卷须在任何情况下都不作螺旋收缩。它们找到一根支持物的机会是决定于植物的生长、风力和它们本身的缓慢向后向下运动。这种运动，我们刚才看到，在某种程度上由避光性所引导，因为节间和卷须都没有适当的旋转运动。由于这后述的情况，由于卷须在接触后的缓慢运动(虽然它们的敏感性保持一段非常长的时期)，由于它们的

① 植物学教程，1841年，170页。

简单结构和短度，这种植物和我所观察过的任何具卷须的物种比较起来，是一种较不完善的攀援植物。这种植物，当其植株年幼并且高仅数英寸时，不形成任何卷须；考虑到它仅长到8英尺(2.44米)左右的高度，茎是蜿蜒状而且和叶柄一样具备有刺，它竟然装备有卷须，虽然它们的效率较低，还是堪惊异的。有人会想到，这种植物也许只得借助于它的刺而攀援，像我们的木莓那样。然而，因为它所从属的属里有些物种具有较长的卷须，我们或许会怀疑，它具有这种器官仅仅是由于从在这方面有较高级结构的祖先遗传下来的。

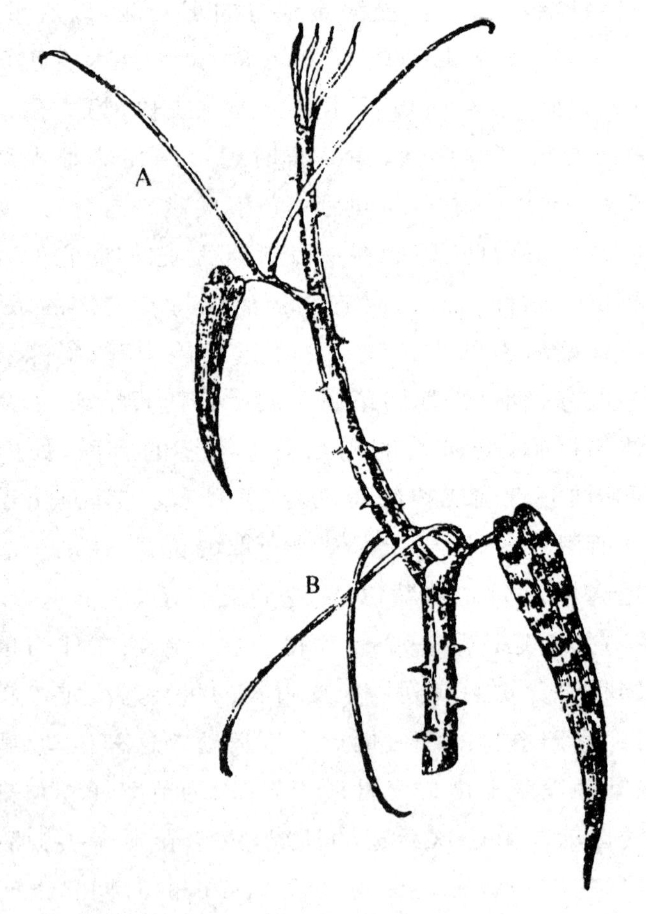

图7　欧亚菝葜

紫堇科（Fumariaecae）——蔓紫堇（*Corydalis claviculata*）　根据莫尔的意见，植株在其分枝的茎的顶端，以及叶子，变成卷须。我所检查过的标本中，所有的卷须都无疑是由叶形成的。难于相信同一植物能够形成在同源性质上大不相同的卷须。然而，由于莫尔所作的叙述，我把这个物种归入具卷须植物里。如果只根据它的由叶成的卷须来分类，它是否不应当同它的近缘洋紫堇属（*Fumaria*）和瓣包果属一起归入用叶攀援植物类里，是有疑问的。它的所谓卷须，有大多数仍然生长着小叶，虽然在体积上过度缩小；但是其中少数可以恰当地称为卷须，因为它们完全缺乏叶片。结果，我们在这里看到一种植物，处于从用叶攀援植物到具卷须植物的过渡状况。当植物的植株相当年幼时，仅是外侧的叶子具有变成近于完善卷须的顶端；但是当其成熟时，则全部叶子都有这样的顶端。我只检查过从汉普郡（Hampshire）一个地区来的标本，生长在不同环境下的植物，它们的叶子可能会多少变成真正的卷须，这不是不可能的。

当植物的植株很年幼时，最初形成的叶子没有任何变态，但是后来形成的，其顶端小叶缩小，不久所有的叶子呈图 8 所示的结构。这片叶有 9 片小叶；下部小叶再次分裂。叶柄的顶端部分，约长 1.5 英寸（在小叶 f 之上），比下部细些并且更为伸长，可以看做是卷须。这部分所着生的小叶在体积上大大缩小，平均起来，长约 0.1 英寸，也很窄；一片小的小叶长 0.083 英寸、宽 1/75 英寸（2.108 毫米、0.339 毫米），可以说几乎是用显微镜可见的微小了。所有缩小的小叶都有分枝的叶脉，顶端成为小刺，像完全发育的小叶一样。每个等级都能追究出来，一直到没有叶片痕迹的小枝（如图中的 a 到 d）。有时候叶柄的全部顶端小枝都是这种状况，那时才有真正的卷须。

叶柄的几个顶端须枝，着生有大大缩小的小叶（a，b，c，d），它们非常敏感，因为重仅 0.056 格令（3.63 毫克）的线圈使它们不到 4 小时便弯曲很厉害；当将线圈移开，这些叶柄约在同样时间内使自己伸直。叶柄（e）的敏感度较差。在另一样品中，其相

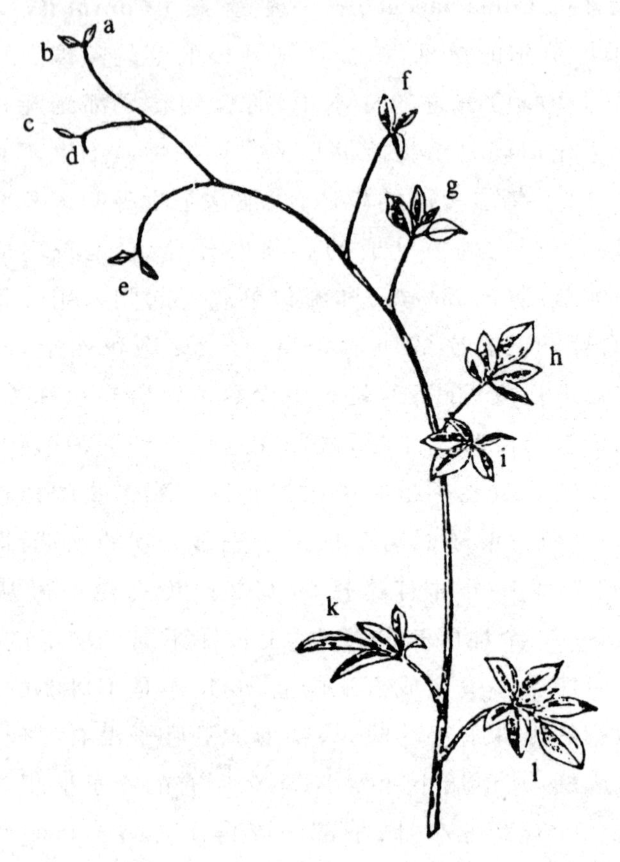

图 8　蔓紫堇

叶成的卷须，原大

应的叶柄有较大的小叶，重 0.125 格令(8.1 毫克)的线圈直到过了 18 小时才引起弯曲。重 0.25 格令(16.2 毫克)的线圈，悬挂于下部叶柄(f 到 1)几天之久，没有产生效应。然而，f、g 和 h 三个叶柄不是很不敏感，因为当同一根棒接触 1～2 天，它们便缓慢地将它卷绕。因而，叶柄的敏感性，从卷须状顶端到基部是逐渐减弱的。茎的节间完全不敏感，这个事实使莫尔关于节间有时变成卷须的说法，更使人感到奇怪，虽不能说是不可能的。

整个叶子，当其幼嫩和敏感的时候，几乎是向上竖直站立的，和我们在许多卷须中所曾看到的情况一样。它是在连续运动中，我观察的一片叶用 2 小时左右的平均速度完成每个旋转，扫过大椭圆圈，然而不规则，有时窄，有时宽，其长轴指向螺纹上各点。幼嫩节间同样地沿椭圆圈或螺旋线作不规则的旋转；因而靠这些运动联合起来，可扫过相当大的空间去寻找一个支持物。如果叶柄顶端的变细部分未能缠住任何物体，它最后向下向内弯曲，不久后便消失一切感应性和运动能力。这种向下弯曲的动作，在性质上很不同于铁线莲属许多物种中幼叶顶端发生的动作；因为这些幼叶顶端在这样向下弯曲或成钩状时，刚获得它们的最高敏感度。

细叶荷包牡丹(*Dicentra thalictrifolia*) 在这种近缘植物中，顶端小叶的变态是完全的，它们变成完善的卷须。当植物的植株幼嫩时，卷须好像是变态的枝条。一位著名的植物学家以为它们是有这种性质；但是在一棵成熟植物的植株中，如胡克博士向我所证实的，它们无疑是变态的叶子。当其完全长大时，它们长达 5 英寸以上；它们两次、三次，或甚至四次分叉；它们的顶端成钩状并且钝。卷须的所有须枝在各个表面都敏感，但是主轴的基部只稍微敏感。顶端须枝受到一小枝的轻微摩擦时，在 30～42 分钟内便发生弯曲，在 10～20 小时之间使自己伸直。重 0.125 格令(8.1 毫克)的线圈明显地使较细的须枝弯曲，重 0.056(3.63 毫克)格令的线圈偶然能有这种效应；但是后一重量，即使任其悬挂着，不够引起永久的弯曲。整个叶子连同它的卷须，以及幼嫩的上部节间，都旋转得很有力很快速，虽然不规则，于是扫过一个宽广的空间。在玻璃钟罩上所描绘的图形是一个不规则的螺旋或是一条曲折线，最近似于一椭圆形的是一拉长的 8 字形，一端有一点开口，这是在 1 小时 53 分钟内完成的。在 6 小时 17 分钟的时间内，另一枝条做成一个复杂的图形，显然，其代表三个半椭圆圈。当着生有小叶的叶柄下部被牢固地固定住，卷须本身画出相似的、但是小得多的图形。

这个物种善于攀援。植株的卷须缠住一根支棒后，变得较粗较坚硬；但是那些钝头的钩不把自己转向支持表面并与之配合，像某些紫葳科和科比亚藤属植物完善地做到那样。高达2～3英寸（5.08～7.62厘米）的年幼植株的卷须，长度仅为同株植物生长较高时所具卷须的一半，并且它们缠住一个支持物后不作螺旋收缩，只变得稍微曲折。另一方面，成长的卷须，除去粗的基部外，作螺旋收缩；没有缠住物体的卷须仅向下和向内弯曲，和蔓紫堇的叶子顶端类似。但是在所有情况下，叶柄在一段时间后有棱角地突然向下弯曲，像悬果藤属的叶柄一样。

第　四　章

具卷须的植物(续)

• *Tendril—Bearers——(Continued)* •

葫芦科(Cucurbitaceae)——卷须的同源性质——野黄瓜(*Echinocystis lobata*),卷须避免缠住顶端枝条的显著运动——卷须不因另一条卷须的接触或因水点而激动——卷须顶端的波状运动——亨白莲属(*Hanburya*),吸盘——葡萄科(Vitaceae)——弗吉尼亚山葡萄(*Virginian creeper*)卷须的背光运动,并且在接触后产生吸盘——无患子科(Sapindaceae)—西番莲科(Passifloraecae)-无瓣西番莲(*Passiflora gracilis*)——卷须的迅速旋转运动和敏感性——对于其他卷须或水点的接触不敏感——卷须的螺旋收缩——关于卷须的特性与动作的提要。

HODGSONIA HETEROCLITA. Hook. fil. et Thoms.

MALE PLANT.

葫芦科 根据适合的判断,这一科里的卷须可分为变态的叶、叶柄或枝条;或者部分是叶,部分是枝。得康多尔(De Candolle)相信,本科两个族中的卷须在它们的同源性质上是有区别的[①]。根据新近引证的事实,伯克利(Berkeley)先生认为帕耶(Payer)的观念最有可能,就是,卷须是"叶子本身的一个单独部分";但是有很多议论是赞同它是一个变态的花梗这种见解[②]。

野黄瓜(*Echinocystis lofata*) 对于这种植物(从阿雷·格雷教授寄给我的种子培养的),我作过多次观察,因为植株的节间和卷须的自发旋转运动是我最初在这个例证中看到的,曾使我茫然不解。我的观察现在可以大为集中。我观察了节间和卷须的35次旋转;最慢的速度是2小时,平均速度变动不大,为1小时40分钟。有时我捆住节间,使卷须独自运动;另一些时候我切去很幼嫩的卷须,使节间自己旋转;但是速度并没有因此受到影响。进行的路线一般是顺太阳的,但是也常向相反的方向。有时运动会短期停顿或者逆转。这显然是由于光线的干扰,例如,当我将植株放在窗户附近的时候。在一例中,一条几乎已停止旋转的老卷须向一个方向运动,然而上部的一条幼嫩卷须向相反方向运动。只有两个最上部的节间旋转,当下部节间一旦长老时,仅它的上部继续运动。节间顶端扫过的椭圆圈或圆圈,直径约3英寸;而卷须顶端扫过的,直径达15~16英寸。在旋转运动时,节间依次向罗盘各点弯曲;在它们的一部

◀ 葫芦科油渣果属的一种,有卷须的攀援状植物。

① 我感谢奥利弗教授关于这个问题的资料。法国植物学会会报,1857年,有很多关于这个科里卷须性质的讨论。

② 园艺学者记事,1864年,721页。根据葫芦科和西番莲科的近缘关系来看,可以争辩前一科的卷须是变态的花梗,因为西番莲属的卷须确是这种情况。霍兰(R. Holland)先生在哈特维克的科学杂谈(Hardwick's science-Gossip)(1865年,105页)中提到"几年前在我自己的园里,生长一棵黄瓜,果实上有一根短刺长成一条长而卷曲的卷须。"

分路线中，它们连同卷须一起常与水平线作 45°倾角，在另一部分路线中是向上直立的。在旋转节间的外貌上，有些事不断给我们一种假象，以为它们的运动是由于长而自发旋转的卷须的重量所致；但是用锐利的剪刀把卷须剪去，枝条顶端仅稍微上举，还是继续旋转着。这种假象显然是由于节间和卷须和谐地一起弯曲和移动所造成的。

一条旋转着的卷须，虽然在大部分路线中，倾斜在水平以上成 45°左右的角（在一例中仅 37°），在它的路线中某一部分，使自己从顶端到基部变得坚硬并挺直，于是成为几乎或完全竖立。我再三看到这个现象；当起支持作用的节间能自由活动时，以及当它们被捆住时，都有这种现象发生。不过在后一种情况下，或者当整个枝条十分倾斜的时候，可能最显著。卷须和茎或枝的伸出顶端做成很小的角；那挺立现象总是当卷须靠近枝条，并且在它的圆形路线中不得不越过枝条的时候发生。如果它不具备并且不使用这种奇特的能力，它必然会撞到枝条顶端而受阻。当卷须连同它的三条须枝一旦开始以这种方式使自己变硬并且从一倾斜位置上举到竖直位置时，旋转运动变得更为快些；并且当卷须一旦越过枝条顶端或困难地点，它的运动，与因它的重量而引起的动作配合，常使它很快下垂到原先的倾斜位置，以致可看到顶端像一个大时钟的分针一样运行。

卷须纤细，长达 7～9 英寸，有一对短的侧生须枝从靠近基部处长出。顶端总是稍微弯曲，因而它的作用在有限的程度上像一个钩。顶端的凹面对接触非常敏感，而凸面却不是这样，莫尔观察到，本科的其他物种也是如此。我曾反复地证明这种差别，如轻轻摩擦一卷须的凸面 4～5 次，另一卷须的凹面仅 1～2 次，只有后者单独向内弯曲。在几小时以后，当在凹面受到摩擦的卷须已经伸直，我倒施摩擦的工序，总是得到相同结果。接触凹面后，顶端在 1～2 分钟内就显出可察觉的弯曲；如果接触曾是很剧烈，它把自己卷成一条螺旋。但是螺旋在一段时间后，又把自己伸直，重新准备动作。重仅 0.056（3.63 毫克）格令的细线圈引起暂时的弯曲。下部曾受到相当剧烈的反复摩擦，但是没有弯曲产生；然而这个部位对于长时间的压力敏感，因为当它与一根棒接触，它会缓慢地围棒缠绕。

我的植物中有一株具有两条挨近的枝条，卷须曾多次地相互交叉，但是，奇怪的是，它们没有一次相互缠住。这好像它们对于这类的接触变成习惯了，因为由此产生的压力必然要比重仅0.056格令的软线圈所产生的要大得多。可是，我曾看到异株泻根(*Bryonia dioica*)植株的几个卷须连接在一起，但是它们随后又相互离开。野黄瓜属的卷须也习惯于水点或雨点；因为在它们上面用力挥动一把湿的毛刷所造成的人工雨，没有产生丝毫效应。

卷须的旋转运动不会因它的顶端受到接触后发生弯曲而停止。当一条侧生须枝已牢固地缠住一物体时，中间的须枝继续旋转。将一条茎弯下并固定，致使卷须下垂但可自由运动，它原有的旋转运动几乎或完全停止；但是它不久开始向上弯曲，一旦它变成水平，旋转运动重新开始。我这样试验过4次，卷须一般在1小时或1.5小时内上举到水平位置。但是在一例中，卷须下垂于水平下45°角，上举动作需要2小时；以后半小时内它举到水平上23°角，随即重新开始旋转。上举运动与光的作用无关，因为它在黑暗里发生过两次；另一次，光仅从一侧射入。这种运动无疑是由抗重力的作用所引导，像萌发种子的胚芽上举的情况那样。

卷须并不长久地保持着旋转能力；这种能力一旦消失时，它向下弯曲并作螺旋收缩。旋转运动停止后，顶端仍然在短期内保持着它对接触的敏感性，但是这对于植物只能有很少用处或根本无用。

虽然卷须很柔韧，虽然其顶端在适宜条件下用2.25分钟左右1英寸的速度(约1.129厘米/分)移动，然而它对于接触的敏感性是如此之大，以致它难得不缠住放在它去路中的细棒。下列情况使我很惊奇：我放置一根细而光滑的圆柱状棒(我重复这个试验7次)距离卷须很远，以致顶端只能卷绕支棒的一半或

3/4。但是我总是发现顶端在很少几小时之后便围棒卷绕了两圈甚至三圈，我最初以为这是由于外侧的迅速生长；但是用有颜色的点和测量，我证明在这段时间内并没有可察觉的增长。当将一根一面是扁平的棒同样放置时，卷须顶端不能卷绕过扁平的表面，而是将自己卷成螺旋，螺旋转向一侧，平卧在木材的扁平表面上。在一例中，长 0.75 英寸(1.91 厘米)的一段卷须因为螺旋的内卷而被拖引到那扁平的表面上。但是卷须因此得到一个很不稳固的支持，一般在一段时间后便滑落。仅在一例中，螺旋随后把自己展开，顶端然后绕过而且缠住支棒。螺旋在棒的扁平面上形成，这显然表示顶端持续努力把自己向内紧卷产生了拖引卷须卷绕一平滑圆棒的力量。在后一例中，当卷须缓慢地并且十分难于察觉地向前爬行时，我几次用放大镜观察到，整个表面并没有与棒紧密接触。要是我想理解这个前进运动，只能靠假定这一运动是稍带波状的或是蠕动的，以及假定顶端轮换地把自己稍微伸直随后再向内卷曲。它便这样由一个非常缓慢的、轮换的运动把自己向前拖引，这个运动可以和一个大力士的动作相比，他用手指悬吊于一根横梁上，使他的手指向前挪动，直到他能够用他的手掌握住那根横梁。无论这是如何进行，有件事是肯定的，即：一条已经用它的顶端抓住一圆棒的卷须，能够把自己向前移动，直到它绕过那根棒两圈或者甚至三圈，并且永久地缠住它。

中美亨白莲(*Hanburya mexicana*)　　本科这种异常植物，其植株的幼嫩节间和卷须，用和野黄瓜一样的方式和几乎一样的速度进行旋转。茎不能缠绕，但是能够靠它的卷须的帮助沿一根直立支棒上升。卷须的凹面顶端很敏感：当它由于一次接触而已经迅速地卷成一个环以后，它在 50 分钟内便把自己伸直。卷须在正式动作时是竖立着，这时幼茎的伸出顶端稍微偏向一侧，可以不致挡路；但是卷须在它的内侧，近于基部处有一个短而硬的须枝，这个短须枝像锯似的成直角伸出，其上半部稍向下躬弯。因此，当竖立的主须枝旋转时，这个锯，由于它的位置和硬度,不能用像野黄瓜属卷须的三条须枝所持的同样奇特方式,即靠在适当地点将它们自己挺直,来越过枝条的顶端。这个锯因而在旋转的一部分路程中便从侧面被压在幼茎上,于是主须枝下部的运行便受到很大限制。一种完善的相互适应在这里起了作用。在我所观察的所有卷须中,几个须枝都在同时变得敏感;如果亨白莲属是这样的话,内向的锯状须枝,由于在旋转运动时被压到枝条的伸出顶端,必然会以无用的或有害的方式缠住它。但是卷须的主须枝,当其在直立的位置旋转一段时间以后,自发地向下弯曲;并且在这样做的时候,举起锯状须枝,它本身也向上弯曲;于是靠这些联合运动,它升到枝条的伸出顶端之上,现在便能够自由运动不致与枝条接触;并且现在它才开始变成敏感的。

两条须枝的顶端,当它们与一根棒接触时,像任何普通卷须一样将棒缠住。但是在不多几天内,下表面膨大并且发育成一个细胞层,这个细胞层使自己紧密地与这块木材配合,并且牢固地贴附在它上面。这个细胞层同紫葳属和山葡萄属(*Ampelopsis*)的某些物种植株的卷须顶端所形成的吸盘是同功的;但是在亨白莲属中,细胞层是沿着顶端内表面发育的,有时长 1.75 英寸,不是在顶尖。当时卷须是绿色,而细胞层呈白色,并且在近顶尖处它有时比卷须本身还粗些;它一般铺开,稍微超越卷须的两侧之外,并且边缘上有离生的伸长细胞,这些细胞有扩大的球状或甑状顶端。这个细胞层显然分泌某种松脂质的胶合物;因为浸在酒精或水里 24 小时并没有减弱它们贴附于木材的力量,但是同样浸在乙醚或松节油里,就使它完全脱开木材。在卷须已经牢固地卷绕一根支棒以后,难以想象这个贴附的细胞层究竟能有什么用处。由于不久后发生的螺旋收缩,卷须,除一个事例外,从来不能与一粗柱或是一近于平滑的表面保持接触;如果它们用这个黏着层迅速地贴附于支持物表面上,这显然会对植物有用。

异株泻根(*Bryonia dioca*)、金瓜(*Cucusbira orifera*)和黄

瓜(*Cucumis sativa*)的卷须都敏感并且旋转。节间是否也一样旋转,我没有观察到。在 *Onguria warscewiczii* 中,节间虽然粗而坚硬,却能够旋转。在这种植物里,卷须的下表面,在缠住一根棒以后一段时间,形成粗松的细胞层或垫,它使本身密切配合于木材,像亨白莲属的卷须所形成的一样;但是它丝毫不能黏附。在棒槌果(*Zanonia indica*)中,它属于本科的另一族,分叉的卷须和节间在2小时8分钟到3小时35分钟之间的时间内逆太阳的方向旋转。

葡萄科(*Vitaceae*)　在这一科里以及下列两科里,即无患子科和西番莲科,卷须是变态的花梗,因而它们有轴的本性。在这方面,它们不同于所有以前叙述过的卷须,可能葫芦科是例外。然而,卷须的同源性质好像在它的动作中没有引起什么差别。

葡萄(*Vitis vinifera*)　其植株的卷须粗且长。从一棵露天生长着并不旺盛的葡萄长出的一条卷须长达16英寸(图9)。它由一条花梗(A)构成,其前端有两条均等岔开的须枝,其中一条须枝(B)在基部有一个鳞片。据我所看到的,它总是比另一条长些并且常分成两叉。当须枝受到摩擦时变弯,随即使自己伸直。卷须用其顶端缠住任何物体后,作螺旋收缩;但是当其没有缠住物体,便不发生这种现象(帕尔姆)。卷须自发地左右运动。在很热的一天,一卷须用2小时15分钟的平均速度做成两个椭圆形旋转。当这样运动时,涂于凸面的一条有色线条,在一段时间后出现于侧面,然后在凹面,又在相反的侧面,最后重新回到凸面。同一卷须的两条须枝各有独立的运动。一卷须自发地旋转一段时间后,它从光的一面弯向暗的一面。我不是根据我自己的证据作这样的叙述,而是根据莫尔和迪托舍特提供的。莫尔说,靠墙栽种的一棵葡萄藤中,卷须是指向墙壁,在葡萄园里它们一般或多或少指向北方。其幼嫩节间能自发地旋转;不过运动量非常微小。一枝条面对窗户,我在完全无风且炎热的两天内,在玻璃上追踪它的路线。在其中一天里,它在10小时内描绘了一个螺旋,代表两个半椭圆圈。我又在温室里的一棵年

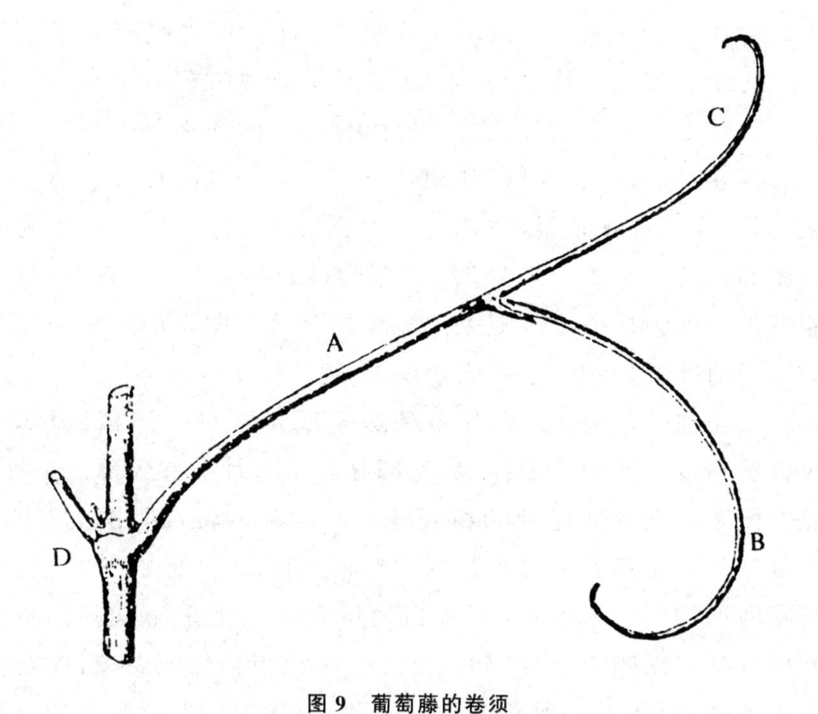

图 9 葡萄藤的卷须

A. 卷须的花梗；B. 较长的须枝，其基部有一个鳞片；C. 较短的须枝；D. 对生叶的叶柄

幼的麝香葡萄(muscat)植株上放置一个玻璃钟罩，它每天做成三四个很小的卵圆形旋转，枝条向两侧的运动距离不到半英寸。如果在天空均匀阴暗时它没有至少做成三次旋转的话，我会以为这个微弱运动是因为光线变化的作用。茎的顶端或多或少向下弯曲，但是它从不翻转它的弯曲度，像缠绕植物一般发生的那样。

有几位著者(帕尔姆、莫尔、林德利等)相信，葡萄藤的卷须是变态的花梗。我这里提供一条幼嫩花梗的通常状态的绘图(图 10)：它包括"总花梗"A(common peduncle)，已经缠住一小枝的"花卷须"(flower tendril)B，和生有花芽的"亚花梗"(sub-peduncle)C。整个花梗能自发运动，像一个真正卷须一样，但是程度较少而已；当亚花梗(图 10，C)没有很多花芽时，运动量较大。总花梗(A)没有缠绕一个支持物的能力,也没有一条真正卷须的相应部位。花卷须(B)总是比亚花梗(图 10,C)长些,并且在其基部有一个鳞片;它有时分为两叉,因而在每个细节上都与真正卷须的较长的具鳞片须枝(图 9,B)一致。然而它从亚花梗(图 10,C)向后倾斜,或同它成直角,因而适于帮助支撑将来成簇的葡萄。当受到摩擦时,它弯曲,随后将自己伸直;并且它能够牢固地缠住一个支持物,如图中所示。我曾看到一个软如幼嫩葡萄叶子的物体被花卷须所缠绕。

亚花梗(图 10,C)的下部裸露部分同样对摩擦稍微敏感。我曾看到过它卷绕一根棒,甚至部分卷绕一片与它接触的叶子。亚花梗和一条普通卷须的相应须枝有相同的性质,在它仅生有少量花时可明显表现出来。因为在这种情况下,它的分枝较少,长度增加,并且在敏感度上和自发运动的能力上都加强。我曾两次看到有三四十个花芽的、已经变得相当长的亚花梗,完全缠绕于支棒,和真正卷须完全一样。另一条仅有 11 个花芽的亚花梗,当其被轻微摩擦时,它的全长迅速地弯曲。但是甚至这不多的花便使得这个花梗比另一须枝,即花卷须的敏感度差些,因为后者经轻擦后较快地并在较大程度上弯曲。我曾看到一条密载花芽的亚花梗,其上部的一条小侧枝因为某种原因仅有两个花芽,并且这个小侧枝已经变得大大伸长而且已经自发地缠住一条邻近的小枝。实际上,它成为一个小的亚卷须。亚花梗的长度随花芽数目减少而增加是补偿定律(Law of compensatin)的一个良好例证。按照这个同一原理,真正的卷须在总体上总是比花梗长些。例如,在同一植物上,最长的花梗(从总花梗的基部到花卷须的顶端)长 8.5 英寸(21.6cm),然而最长的卷须几乎是这个长度的两倍,即 16 英寸(40.6cm)。

从一花梗的通常状态(如图 10 中所示),到一条真正卷须(图 9)之间的各个转变过程很完全。我们已看到亚花梗(C),当其仍然有三四十个花芽时,有时变得稍微延长,并且部分地表现一真正卷须的相应须枝的一切性质。从这个状态,直到一条足

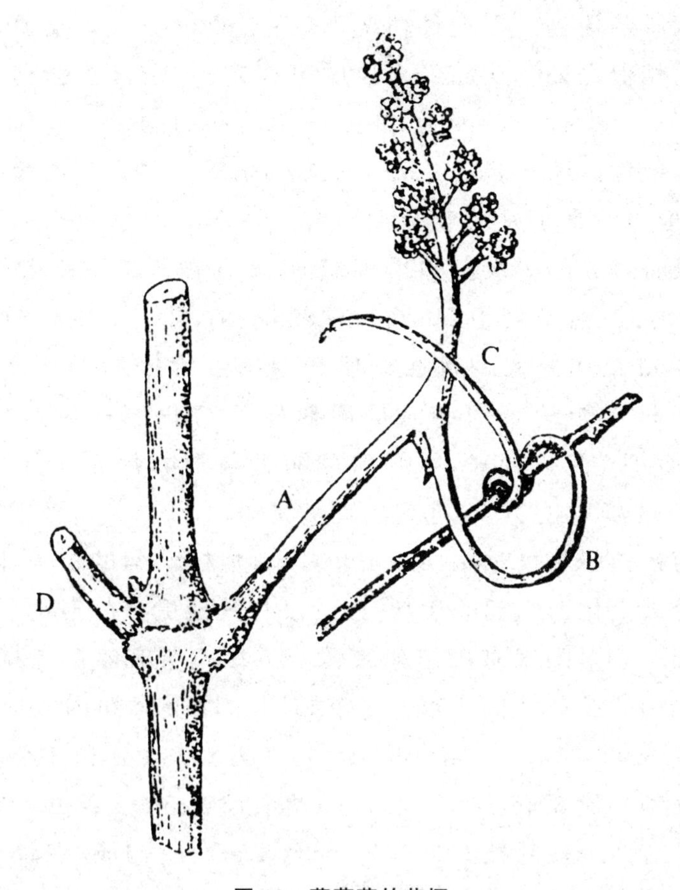

图 10　葡萄藤的花梗

A. 总花梗；B. 花卷须，基部有一鳞片；C. 亚花梗，生有花芽；D. 对生叶的叶柄

够尺寸的完全卷须、在其相当于亚花梗的须枝上有一个单生花芽，我们能够追究出来每个步骤。因而卷须是变态的花梗，是无可置疑的。

另一种等级值得注意。花卷须(图 10，B)有时形成少数花芽。例如，靠着我的房屋生长的葡萄藤上，分别有 13 个和 22 个花芽的两条花卷须，仍然保持着它们特有的敏感性和自发运动的特性，但是在程度上减弱了些。在温室里的葡萄藤上，偶然在花卷须上形成很多花，园丁在术语上称之为“串”(cluster)，结果长成双簇的葡萄。在这种情况下，整簇的花与一条卷须几乎没有任何相似之处。从已经提供的事实判断，它可能会具有微弱的缠绕一个支持物的能力，或是自发运动的能力。这种花梗在结构上很像白粉藤属（*Cissus*）植株的花梗。同属于葡萄科的这个属，形成发育很好的卷须和通常的花簇。但是在这两个状态之间没有过渡的等级。如果葡萄属没有被发现，最相信物种变态的人也绝不会想到，同一棵植株，在同一个生长时期，在用于支持花和果实的普通花梗和专用于攀援的卷须之间，会产生各种可能的级别。但是葡萄显然给我们提供这样一个事例，而且，在我看来，它好像是能想象到的最显著并且奇特的一件过渡事例。

两色白粉藤（*Cissuo discolor*） 植株幼嫩的枝条，除去因光的每天变化所引起的运动以外，没有其他更多的运动。然而，卷须则顺着太阳很有规律地旋转着。在我所观察的植株中，扫过直径约达 5 英寸的圆圈。5 个圆圈在以下时间内完成：4 小时 45 分，4 小时 50 分，4 小时 45 分，4 小时 30 分和 5 小时。同一条卷须继续旋转三天或四天。卷须长 3.5～5 英寸。它们由一条长有两个短须枝的长基柄（foot stalk）所构成，在较老的植株上须枝再分叉，两个须枝的长度很不相等。和葡萄一样，较长的须枝在基部有一鳞片。卷须向上竖直站立；枝条顶端突然向下弯曲，这个位置不妨碍卷须自由直立旋转，可能对植物有用。

卷须的两个须枝，在幼嫩时都非常敏感。用一只铅笔触得极轻，刚够移动一长而柔韧的枝条顶端上的卷须，便足够使它在四五分钟内有可辨别的弯曲。它在一个多小时内重新伸直。用重 0.143 格令（9.27 毫克）的软线圈试验过三次，每次都使卷须在 30～40 分钟内弯曲。这个重量的一半没有效应。长基柄的敏感性差得多，因为一次轻擦没有生效，不过同一根棒长久接触可使它弯曲。两须枝在各个表面都敏感，以致为接触它们的内侧，它们便聚拢起来；如接触它们的外侧，它们又岔开。如果同时用相等的力量接触它们的相对两侧，两侧受到相等的刺激，便没有运动发生。在检查这种植物以前，我只观察过单独在一侧面敏感的卷须，当用食指和拇指轻压时，这些卷须弯曲；但是多次这样压夹这种白粉藤的卷须，都没有弯曲发生。我最初还以为它们完全不敏感。

南极白粉藤(*Cissus antarctica*)　幼嫩植株上的卷须是粗且直的，顶端稍微弯曲。当它们的凹面受到摩擦时，必须用些力量这样做，它们很缓慢地变弯，随即重新伸直。因而它们远不如前种敏感；但是它们顺着太阳做两周旋转，却快得多，就是3小时30分钟和4小时。节间不旋转。

弗吉尼亚山葡萄(*Ampelopsis hederaeea*, Virginian creeper)　除去因光的变动引起的运动外，植株的节间显然没有另外的运动。卷须长4～5英寸，主轴上有几个顶端弯曲的侧生须枝，可在图11的上图看出。它们没有表现出真正的自发旋转运动，但是，很久以前安德鲁·奈特(Andrew Knight)[①]便观察到，它们从光弯向黑暗。我曾看到几个卷须在不到24小时内弯过180°角转向植物所在的一个箱里的黑暗侧，但是这种运动有时要慢得多。几个侧生须枝时常相互独立地运动，有时不规则，没有什么明显的原因。卷须不如我曾看到的其他物种敏感。用一小枝轻轻地但是反复地摩擦，是侧生须枝，而不是主轴，在三四小时内稍微弯曲；但是它们好像几乎没有重新使自己伸直的任何能力。曾爬行于一棵大黄杨树上的一棵植物的卷须，缠住几个枝条；但是我曾屡次看到它们在缠住一根支棒后又将自己撤回。当它们碰到木材或墙壁的平面(这显然是它们所适应的)，它们把所有的须枝向它弯曲，稀疏地铺开，使它们的钩状顶端的侧面与它接触。在实现这个动作时，几条须枝在接触到表面后，时常上举，把自己摆在一个新的位置，再向下重新与它接触。

---

① 哲学会会报(Trans. Phil. Soc.)，1812年，314页。

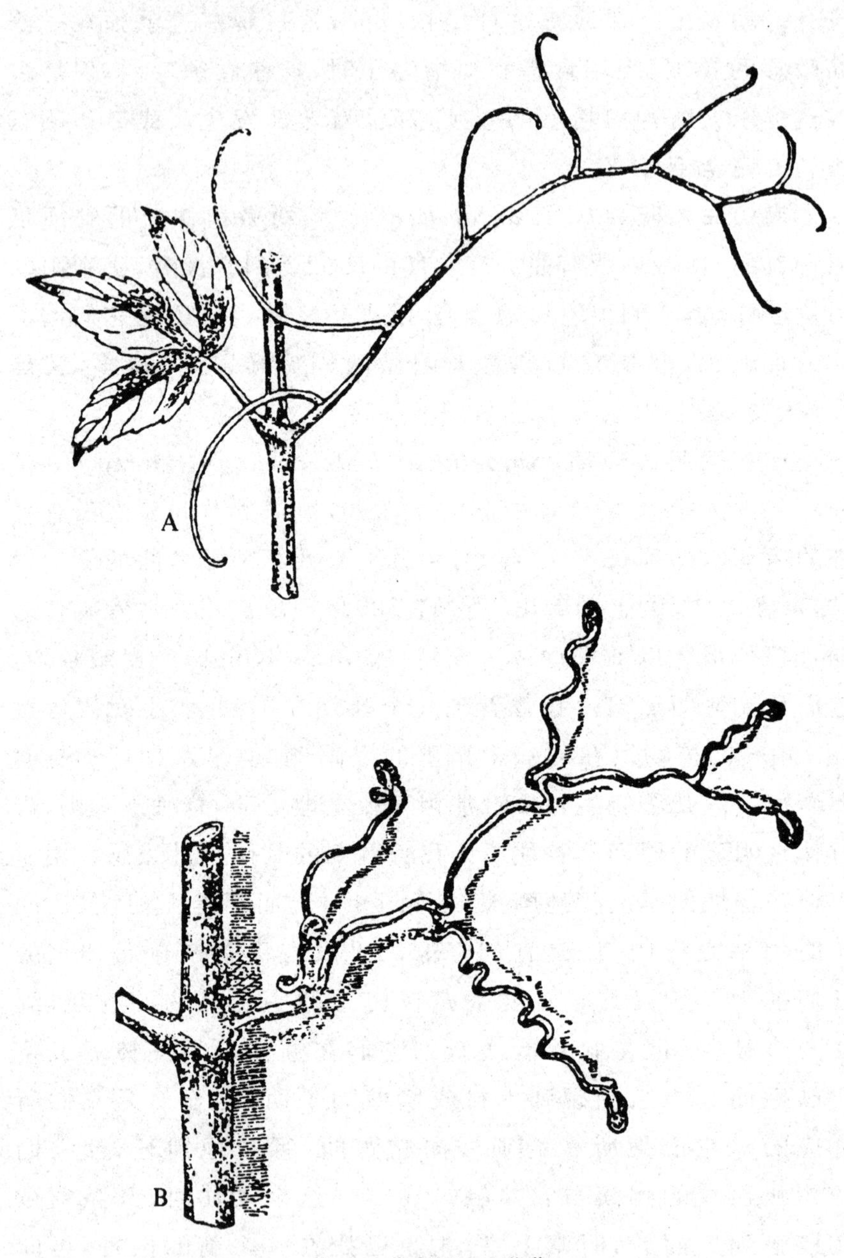

图 11　弗吉尼亚山葡萄

A. 完全发育的卷须，在茎上相对一侧有一片嫩叶；B. 贴附墙壁后数星期的一较老卷须，须枝变粗并作螺旋收缩顶端发育成吸盘。这个卷须上未贴附的须枝已枯萎脱落。

卷须在已安排它的须枝使压于任何平面后两天左右，弯曲的顶端膨大，弯成鲜红色，并在它们的下侧形成习见的小吸盘或吸垫，用来坚固地贴附于接触面上。在一例中，顶尖在同一块砖接触后38小时内变得稍微膨大。在另一例中，它们在48小时内已相当膨大，再过24小时，它们便坚固地贴附于一块光滑的木板上。最后一例，一幼嫩卷须的顶尖在42小时内不仅膨大，而且贴附于涂灰泥的墙上。这些吸盘，除去颜色不同和体形较大以外，和喇叭花藤的情形相似。当它们在发育时是与一团亚麻短纤维相接触，纤维便被分别地包围起来，不过不像喇叭花藤那样有成效。据我所看到的，没有同某个物体至少是暂时接触的刺激，吸盘从来不会发育[①]。它们一般在弯曲顶尖的一侧首先形成，整个顶尖在外貌上常有很大变化，以致一列原有的绿色组织仅能沿凹面追踪出来。然而，当卷须已缠住一根圆棒，一个不规则的边缘或吸盘有时在距弯曲顶尖不远处沿内表面形成。莫尔也观察到这个现象。吸盘由一些膨大的细胞构成，有光滑的突出半球形表面，颜色是红的。它们原来充满着液体(见莫尔提出的有关章节，70页)，但是最后变成木质的。

吸盘不久便牢固地贴附于刨平的或油漆的木材这样平滑的表面上，或是常春藤的光滑叶面上，这便表示出可能有一些胶合物分泌出来。马尔皮吉(Malpighi)已确定是这种情况(莫尔引用)。我从一道涂灰泥的墙上取下许多去年形成的吸盘，把它们泡在温水、稀醋酸和酒精里几个小时；但是黏附的石英颗粒没有松散开。浸于硫酸乙醚里24小时，使颗粒松散下来很多；但是温热的挥发油(我试用麝香草油和薄荷油)经不多小时便使每个

① 麦克纳布(M'Nab)博士说，韦氏山葡萄(*Amp. Veitchü*)的卷须在它们与任何物体接触前便具有小的球状吸盘(爱丁堡植物学会会报，9卷，292页)；我后来看到同样的事。不过这些吸盘如果压到并贴附于任何表面便会增大很多。因此，蛇葡萄属的一个物种，其卷须需要接触的刺激才开始吸盘的发育，而另一物种的卷须不需要任何这样的刺激。我们曾看到紫葳科的两个物种有恰好相同的情况。

小块石头脱离。这似乎证明有某种油脂性胶合物分泌出来，然而数量一定不多。因为当植物沿薄敷白涂料的墙壁上升时，吸盘牢固地黏附于白涂料上；但是因为胶合物不透过薄层涂料，所以容易将它们连同小片涂料一同拉开。不应把这个贴附过程看做是单独由于胶合物的作用，因为细胞的突出生长完全包围着墙上的每个微小的不整齐突出物，还将自己挤入每个裂缝里。

没有贴附于任何物体的卷须，不作螺旋收缩；在一两个星期内收缩成极细的线，枯萎脱落。在另一方面，已贴附的卷须则螺旋收缩，因而变得有高度弹性，所以当拉动主基柄时，拉力便相等地分配于所有贴附的吸盘。吸盘贴附后几天内，卷须仍然很脆弱，但是它很快便加粗并且获得很大的强度。在随后的冬季它丧失了生命，但是它在枯死的状态下仍然牢固地贴附于自己的茎上和附着物的表面上。在图 11 中，我们看到贴附于墙壁后数星期的卷须（B）和同一植株上已充分发育而未附着的卷须（A）之间的差别。组织在性质上的变化，以及螺旋收缩，是吸盘形成所引起的结果，这可由任何未曾附着的侧生须枝明显地表示出来；因为这些须枝在一两星期内便枯萎并脱落，和没有附着的整个卷须一样。卷须在附着后增加强度和持久性的程度有些惊人。有些卷须现在贴附于我的房屋上，仍然很牢固，它们已在枯死的状态暴露于风雨 14～15 年之久。有一条卷须的一个侧生须枝，估计至少有 10 年的年龄，仍然有弹性，并且支撑一个恰好两磅的重物。整个卷须有 5 个带吸盘的须枝，粗度相等，强度从外表上看也相等；因而在已暴露于风雨 10 年之后，它可能会抵抗 10 磅力[①]的拉力！

无患子科——倒地铃（*Cardiospermum halicacabum*） 在这一科中，和前一科一样，卷须是变态的花梗。在这一种中，主花梗的两条侧枝已变成一对卷须，相当于普通葡萄藤的单个“花卷须”。主花梗细而硬，长 3～4.5 英寸。近尖端处，在两个苞片

① 磅力(lfb)，1 磅力＝4.44 822 牛[顿]

之上，它分成 3 枝。中间一个分而再分，并结出花来；最后它长到另外两个变态侧枝的一半长度。后者是卷须；它们开始时便比中间的须枝粗些长些，但是从未超过 1 英寸。它们到尖端处逐渐变细，并且是扁平的，下侧的缠绕面没有毛。最初它们笔直向上伸出；但是不久岔开，自发地向下卷曲，变成钩状，对称而优美，如图 12 中所示。当花芽还很小的时候，它们就准备动作。

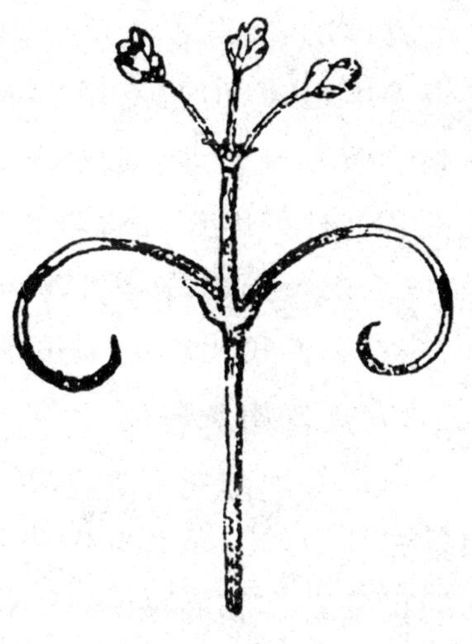

图 12 倒地铃花梗的上部及其两条卷须

两三个上部节间，在幼嫩时，稳定地旋转；一棵植株的上部节间逆太阳路线在 3 小时 12 分钟内做成两个圆圈；第二棵植株取同样的路线，两个圆圈在 3 小时 41 分钟内完成；在第三棵植株中，节间顺着太阳在 3 小时 47 分钟内做成两个圆圈。这 6 周旋转的平均速度是 1 小时 46 分钟。茎没有表现出螺旋式缠绕一支持物的倾向；但是近缘的具卷须的泡林藤属(*Paullinia*)，据说(莫尔)是一种缠绕植物。站立于枝顶上的花梗，由节间的旋转运动而被带着环行；当将茎牢固地捆住时，可看到长而细的花梗本身也在连续地而且有时快速地左右运动。它们扫过广阔的空间，只偶然旋转成一个有规则的椭圆圈。由于节间和花梗的联合运动，两个短钩状卷须之一迟早能抓住某根小枝或枝条，然后它卷曲并牢固地缠住这些枝条。然而，这些卷须只稍微敏感；因为摩擦它们的下表面，仅有轻微的运动缓慢地发生。我将一个卷须钩在小枝上：它在 1 小时 45 分钟内明显地向内弯曲；在 2 小时 30 分钟内它形成环；从开始钩住起 5～6 小时后，它紧紧地缠住小枝。第二条卷须用几乎相同的速度动作，但是我观察到一条卷须需要 24 小时才卷绕一根细枝两圈；没有抓住物体的卷须，过了几天以后自发地卷成一个紧密的螺旋。已经卷绕某个物体的卷须，不久后变得较粗较韧。长而细的主花梗，虽然能自发地运动，但是不敏感而且从不缠住支持物。它也从不作螺旋收缩[①]，虽然这种收缩显然会对植物在攀援中有用处。不过它没有这种帮助也能很好地攀援。蒴果虽然很轻，但是体积大（所以它的英国名称是气球藤），并且有两三个着生于同一花梗上，靠近它们长出的卷须可能有助于防止它们被风撞碎。在温室里，卷须仅用于攀援。

仅仅卷须的位置便足够表明它们的同源性质。在两侧中，两条卷须中的一条在它的尖端形成一朵花；然而，这并没有妨碍它的正常动作和卷绕一根小枝。在第三例中，应该变态形成卷须的两条侧生须枝，和中间须枝一样形成花，并且已经完全失掉它们的卷须结构。

我曾看到仅有的另外一种攀援的无患子科植物，即一种泡林藤属植物，但是未能仔细观察。它不在开花期，有长的分叉卷须。因而，在卷须方面，泡林藤属同倒地属的关系和白粉藤属同葡萄属的关系一样。

西番莲科　　在读过莫尔关于本科的卷须性质所提出的讨论和事实以后，没有人能怀疑它们是变态的花梗。卷须和花梗靠拢着并立发生。我的儿子威廉 E. 达尔文（William E. Darwin）替我描绘了杂交种多花西番莲（*Passiflora floribunda*）中它们的早期发育状态：这两个器官最初像是单个乳头状突起，它逐渐分裂开；因而卷须像是花梗的变态须枝。威廉找到一个很幼嫩的卷须，顶上有花器官的痕迹，恰恰像真正的花梗顶端在同样早期的情况一样。

无瓣西番莲（*Passiflora gracilis*）　　这个名副其实的、漂亮的一年生物种同我所观察到的本类里其他物种的区别，是植株幼嫩节间有旋转的能力。它在运动速度上超过一切我曾检查

① 弗里茨·米勒说，一个近缘属，色加藤属（*Serjania*），与倒地铃属的区别在于它仅有一单条卷须；并且当卷须缠住植物自己的茎时，这时常发生，总花梗作螺旋形收缩。

过的攀援植物,在卷须的敏感性上超过所有的具卷须植物。一节间上部有活跃的卷须、还有一两个较幼嫩未成熟的节间,顺着太阳方向,用1小时4分钟的平均速度做成3周旋转;当天气变得很热,它用57～58分钟的平均速度做成另外3周旋转。因而所有6次旋转的平均速度是1小时1分钟。卷须的顶端画成长椭圆圈,有时窄,有时宽,长轴倾斜于稍许不同的方向。植株靠卷须的帮助能沿一根直立细棒上升;但是茎过于坚硬,难于围棒作螺旋缠绕,甚至当没有受到卷须干扰的时候也是如此。卷须已在早期被陆续摘去。

当将茎固定时,卷须像节间一样以几乎相同的方式和相同的速度旋转[①]。卷须很细、柔嫩并且挺直,只尖顶稍弯,它们的长度为7～9英寸。半成熟的卷须不敏感;但是当近于完全成熟时,它们便非常敏感。在顶端的凹面上,一次轻微的接触,便使卷须很快发生弯曲;在2分钟内,它做成一个开口的螺旋。重0.031格令(2.01毫克)的软线圈极轻地放在顶端上,3次使它发生明显弯曲。重仅0.02格令(1.30毫克)的折弯的小段白金丝,两次产生同样的效果;但是后面这个重量,当任其悬挂时,不够引起永久的弯曲。这些试验是在一玻璃钟罩下进行的,这样,线圈和白金丝才不致被风振动。在一次接触后,运动是很快的;我握住几条卷须的下部,然后用一细枝接触它们的顶尖凹面,并且通过放大镜仔细地观察它们:顶端在下列间隔后明显地开始弯曲——31秒、25秒、32秒、31秒、28秒、29秒、31秒和30秒,因而运动一般在接触半分钟内可以辨别出来;但是有一次它是在25秒内便明显可见。在31秒内这样变成弯曲的两条卷须之一,曾在2小时之前接触过并且已卷成螺旋,因而在这段时间内它已使自己伸直并且已完全恢复了它的感应性。

① 阿萨·格雷教授告诉我,针叶西番莲(*Passiflora acerofolia*)的卷须甚至用比无瓣西番莲更快的速度旋转;其4周旋转是用下列时间完成的(温度在88～92℉之间),40分,45分,38.5分,和46分。有一次,半个旋转在15分钟内完成。

为了确定同一卷须受到接触时如何频繁地进行弯曲，我将一棵植株放在我的书房内，那里比温室冷些，不很适宜于试验之用。用一细枝轻轻摩擦顶端四五次，这是在每当观察到卷须动作后已几乎重新伸直的时候进行的；在 54 小时内，它对于刺激反应了 21 次，每次都变成钩状或螺旋状。然而在最后一次，运动很微弱，并且不久后开始永久的螺旋收缩。夜间没有做试验，因而这个卷须可能会对于刺激有更多次的反应；但是，在另一方面，由于缺乏休息，它可能因这么多次的迅速反复作用而疲劳。

我重复对野黄瓜属做过的试验，把几棵这种西番莲植株放得很近，以致它们的卷须多次相互拖拉着，但是没有发生弯曲。我同样地反复用毛刷在许多卷须上洒小水点，并且强烈地喷灌另一些卷须，以致将整个卷须冲撞，但是它们从不变得弯曲。我手上感觉到的由水点产生的冲击力要远比当让(2.01mg)的线圈重 0.031 格令更明显，这些线圈，当非常轻地放在卷须上的时候，曾使它弯曲。因而，清楚的是，卷须或者对于其他卷须和雨点的接触已经变得习惯了，或者它们从一开始便只对于固体的即使非常轻微的持续压力敏感，由其他卷须产生的排除在外。为了表示不同植物在敏感性的种类上的差别，并且也表示所用的浇灌器的力量，我可以补充提到，由浇灌器所产生的最轻微的喷射可立即使含羞草的叶子闭合；而重 0.031 格令的线圈，当卷成球并且轻轻地放在含羞草小叶基部的腺体上，没有引起动作。

紫斑西番莲(*Passiflora punctata*)　植株的节间不运动，但是卷须做有规律地旋转。一条半成熟的很敏感的卷须逆着太阳路线在 3 小时 5 分钟、2 小时 40 分钟和 2 小时 50 分钟内做成 3 周旋转。当近于完全成熟时，它可能移动得更快。将一棵植株放在窗前，和缠绕植物的情况一样，光加速卷须在一个方向上的运动，延缓它在另一方向上的运动。在一例中，完成向光的半圈比向房间里暗处的半圈所需的时间少 15 分钟；在第二例中，少 20 分钟。考虑到这些卷须非常纤细，光线对它们的作用是值得注意的。卷须很长，并且如刚才所提到的，很纤细，尖端稍微弯曲或成钩状。其凹面对于接触非常敏感，甚至一次接触便使它们向内弯曲；它随后将自己伸直，重新准备动作。重0.171格令(11.081毫克)的软线圈使顶尖弯曲。另一次，我试着把同一个小线圈悬挂在一条倾斜的卷须上，但是它滑掉三次；不过这种非常微弱的摩擦足够使顶尖卷曲。卷须虽然如此敏感，在一次接触后不能很快地运动，在5分钟或10分钟过去以前，没有明显的运动可以看出。顶端的凸面对于接触或对于一悬挂的线圈不敏感。有一次，我观察到一条卷须旋转时凸面向前，结果它不能缠住一根擦过它的支棒；而卷须旋转时凹面向前，便立即缠住它们的路程中的任何物体。

方茎西番莲(*passiflora quadrangularis*)　这是一个很特殊的物种。植株卷须既粗又长，并且坚硬；它们仅在近顶端处的凹面对于接触敏感。当放一根支棒，使其与卷须的中部接触，没有引起弯曲。在温室内，一卷须做成2周旋转，每周在2小时22分钟内完成；在一凉爽的房间里，一周在3小时内完成，第二周在4小时内。节间不旋转；难交种多花西番莲的节间也不旋转。

长茎西番莲(*Tasconia manicata*)　这种植株的植株节间也不能旋转。卷须相当细，且长；一卷须在5小时20分钟内做成一个窄椭圆，第二天在5小时7分钟内做成一个宽椭圆。顶端在凹面经轻轻摩擦，在7分钟内有刚可辨别的弯曲，在10分钟内弯曲明显，在20分钟内弯成钩状。

我们已看到，在上列三科中，即葡萄科、无患子科和西番莲科，卷须是变态的花梗。根据得康多尔(见莫尔引用)的意见，蓼科荞麦藤属(*Brunnichia*)的卷须也是如此。在万寿果科(Papayaceae)一个属 *Modeeca* 的两三个物种里，我从奥利弗教授那里听到，卷须偶然着生有花和果实，因而它们在性质上是属于中轴的。

卷须的螺旋收缩

这种运动使卷须缩短并且使它们有弹性，在它们的顶端已缠住某个物体后半天内或一两天内开始。在任何用叶攀缘的植物中，没有这样的运动，在三色金莲花的叶柄中有偶然的迹象除外。另一方面，一切具卷须植物的卷须，在它们缠住一物体以后，使螺旋收缩，有以下例外。第一，是蔓紫堇，不过可以认为这种植物是用叶攀援植物。第二和第三，是猫爪藤和它的近缘，以及倒地铃；但是它们的卷须很短，以致收缩难于发生，并且会是十分不必要的。第四，毛菝葜提供一个较明显的例外，因为它的卷须相当长。荷包牡丹属（*Dicentra*）的卷须，当植株幼嫩时还很短，在附着后只变得稍微曲折；在较老的植株中，它们较长，于是它们作螺旋收缩。卷须在用它们的顶端缠住支持物后，进行螺旋收缩这个规律，我没有看到过其他例外。然而，当一植株的茎已经被固定不动，其卷须在抓住某个固定物体时，它不收缩，只因为它不能。然而这很少出现。在豌豆植株中，侧生须枝单独收缩，而中轴不能；并且在大多数植物植株中，如葡萄属、西番莲属、芘秧属，基部从不形成螺旋。

我曾谈到，在蔓紫堇植株中，叶子或卷须（因为这个部位可以任意称呼，无关紧要）的顶端不收缩成螺旋。然而，其小须枝在缠绕一个细枝后，变得非常曲折或蜿蜒状。此外，叶柄或卷须的整个顶端，如果没有缠住什么，在一段时间后突然向下和向内弯曲，这表示它的内表面已经停止生长后，外表面仍在继续生长。生长是卷须螺旋收缩的主要原因，这可以有把握地予以承认，已经被 H. de Vries 的最近研究证明。然而，我将补充一件小事来支持这个结论。

如果检查无瓣西番莲植株的一条已附着的卷须（我相信，还有其他卷须）上在相反螺旋之间的短段近于竖直部分，就会发现在外侧有明显的横皱纹；如果外侧的生长超过内侧，同时这部分被有力地阻止变弯，那么有横皱纹便是自然的结果。如果把一条螺旋缠绕的卷须拉直，它的整个外表面也会有皱纹。然而，由于卷须同一个支持物接触而受到刺激后，收缩作用则从卷须的顶端移向基部，我根据即将提出的几个理由，不能不怀疑整个的效应是否都应归因于生长作用。一条未附着的卷须把自己卷成一个扁平的螺旋，如倒地铃属例中那样，如果收缩是开始于顶端，并且进行得很有规律的话；但是如果外侧的持续生长是稍偏于侧面，或者这个过程是从靠近基部开始，那么顶部便不能卷在基部里面，并且卷须以后形成或多或少张开的螺旋。如果顶端已经抓住某个物体，并且便这样被紧紧地固定住，也会得到相似的结果。

多种植物的卷须，如果它们没有缠住物体，在几天或几星期后收缩成一个螺旋。但是在这些情况下，这种运动发生于卷须已失掉它的旋转能力而且下垂之后，它那时也部分地或全部地消失它的敏感性，所以这种运动是无效的。未缠住物体的卷须，其螺旋收缩同已缠住的相比，是个慢得多的过程。经常可以看到，同一个茎上有已经缠住支持物而且螺旋收缩的幼嫩卷须，和没有缠住并且没有收缩的更老的卷须。我曾看到野黄瓜属的卷须，用两条侧生须枝卷住小树枝而且收缩成漂亮的螺旋，而没有缠住什么的主枝则在许多天内仍旧直立。在这种植物的植株中，有一次观察到主枝在缠住一根棒后的 7 小时内变成螺旋状曲折，在 18 小时内螺旋状收缩。一般来说，野黄瓜的卷须在缠住某个物体后，在 12～24 小时内开始收缩；而没有附着的卷须直到一切旋转运动停止 2～3 天或更多天数后才开始收缩。方茎西番莲植株的一条完全成长的卷须，在缠住一根棒后 8 小时内便开始收缩，在 24 小时内形成几个螺旋；一条较幼嫩的卷须，仅成长三分之二，缠住一根棒后两天内才表现收缩的初步迹象，再过两天形成几个螺旋。因此，看来在卷须长到近于完全长度之前，收缩不会开始。另一条幼嫩卷须，和前述的卷须近于同龄和同长，没有缠住任何物体，它在4天内达到它的完全长度，再过6天它开始变得弯弯曲曲，又过两天才形成一个完整的螺旋。第一个螺旋是朝向基端形成的，收缩作用稳步地但缓慢地向顶端进行；从初次观察起过了21天，即卷须已长到它的完全长度后17天，整个卷须才紧密卷缠成一个螺旋。

卷须的螺旋收缩与它们的自发旋转能力完全无关，因为它也存在于，例如，大花山黧豆（*Lathyrus grandiflorus*）和弗吉尼亚山葡萄植株的不旋转的卷须中。它也不一定和尖端卷绕一个支持物有关，因为我们看到山葡萄属和喇叭花藤植株中吸盘的发育足以引起螺旋收缩。不过在有些例证中，这种收缩作用似乎同与支持物接触而引起的卷曲或缠绕运动有着联系；因为它不仅在这个动作后不久随即发生，而且一般是在靠近卷曲的顶端处开始，向下进行到基部。然而，如果植株的一条卷须很松软，整个长度几乎同时先变成曲折形而后成螺旋状。还有少数植物植株的卷须，除非事先缠住某个物体，从不作螺旋收缩；如果它们没有抓住什么，它们下垂，保持竖直状态，直到它们枯萎脱落。紫葳属植株的由变态叶子形成的卷须和葡萄科三个属的由花梗变态形成的卷须都是如此。但是在大多情况下，从未与任何物体接触过的卷须，在一段时间后，进行螺旋收缩。所有这些事实总合起来，表示缠绕一个支持物的动作和整个卷须的螺旋收缩，不是必定有着联系的两种现象。

卷须缠住一个支持物后所发生的螺旋收缩，对植物非常有用；因而它几乎普遍地出现于大不相同的目的物种中。当一枝条是倾斜的并且它的卷须已抓住上面一个物体时，螺旋收缩把枝条向上拖引。当枝条直立时，在卷须已经缠住上面的某个物体后，茎还在生长。若不是螺旋收缩把它向上拖引的话，茎因生长增加的长度会使它变得松软。这样便不致造成生长的浪费，拉直的茎由最短距离上升。当科比亚藤属植株卷须的顶端小须枝缠住一根棒时，我们已经看到，螺旋收缩如何灵巧地相继把其他小须枝先后带到与棒接触，直到整个卷须将棒缠住成为一个解脱不开的结。当卷须已抓住一个柔软物体时，这个物体有时为螺旋的转褶所包围而更加固定，如我曾在方茎西番莲植株中看到的。但是这个动作不大重要。

由卷须的螺旋收缩所提供的一个更重要的用处，是它们因此有高度弹性。前面在山葡萄属一节中已经提到，应变是平均分配于几条已附着的须枝之间。这使得整个卷须比其他情况下坚固得多，因为须枝不能个别地断裂。就是这种弹性保护着有须枝的卷须和简单卷须在风暴天气不致从它们的支持物吹落。我曾不止一次有目的地在大风时观察生长于露天围篱上的泻根植株(图 13)：它的卷须已附着在周围的小灌木上；当那些粗细不等的枝条被风吹得来回摇荡时，卷须如果没有逾常的弹性，便会立刻被吹断，植株会倒伏下来。虽然如此，泻根安全地渡过风暴，像一只船冒风前进，它抛下两个锚，前方有一条长的船缆作为一个弹簧似的。

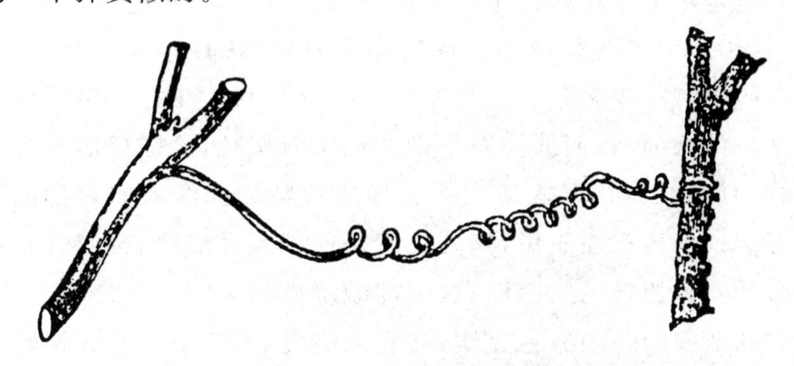

图 13　异株泻根的一条固定的卷须，在相反方向螺旋收缩

当一条未附着的卷须作螺旋收缩时，螺旋总是从顶端到基部这同一方向。另一方面，卷须已经用其顶端缠住一个支持物时，虽然同一侧从一端到另一端都是凹面，无例外地变成一部分向一个方向扭转，另一部分向相反方向扭转；两段相反卷曲的螺旋为一段短而直的部分所隔开。这种稀奇的而且对称的结构已经为几位植物学家注意到，但是还没有充分的解释[①]。这种现象无例外地发生于一切缠住一个物体后而作螺旋收缩的植株卷须中，但是当然在较长的卷须中最明显。它从不出现于未缠绕的卷须中；当它好像已出现时，将可看到这条卷须原先已经缠住过某种物体，而后来脱掉了。一般来说，在固定卷须的一端所有的螺旋取一个方向，在其他一端的螺旋都是取相反方向，中间有一段短而直的部分。但是我曾看到一条卷须，其螺旋交错地转向相反方向 5 次，它们之间都有一段直的部分。M. 莱昂曾看到这样交错七八次。不论螺旋转向相反方向一次或多次，朝一个方向的转旋次数总是和相反方向的一样。例如，我收集 10 条泻根的固定卷须，最长的卷须有 33 次旋转，最短的仅 8 次；并且在每个例证中，向一个方向旋转的次数都和向相反方向的相同（在相差 1 个的范围内）。

解释这个奇怪的小事并不困难。我将不尝试作任何几何推理，仅提出一个实际说明。这样做的时候，我首先要提到一点，这在讨论缠绕植物时几乎忽略过去。如果我们在左手里握住一束平行的细绳，我们能用右手把它们绕着旋转，这样模仿一缠绕植物的旋转运动，那些细绳不会变成扭转的。但是如果我们同时握住一根棒在左手里，棒的位置是使细绳螺旋绕它旋转，它们将必然变成扭转的。因而，在一棵缠绕植物缠绕一支持物之前，沿它的节间涂一条有色直线，在它缠绕之后，这条线变成扭转或螺旋状。我涂一条红线于蛇麻草、米甘菊、蜡白花、旋花和菜豆植株的挺直节间上，看到它在植物植株缠绕一根棒时变成扭转的。可能有些植物植株的茎靠自发地旋转于它们自己的轴上，用适当的速度并且朝向适当的方向，会避免发生扭转。不过我

① 参考伊西德·莱昂(M. Isid Léon)在法国植物学会会报(第 5 卷，1858 年，680 页)的论文。德弗里斯博士指出，我在本文的第一版中，曾忽视了莫尔所写的下面一句话："一条卷须已缠住一个支持物后，它在若干天后开始卷成一个螺旋，因为卷须在两端被固定住，螺旋必然在某些部分向右，而另一部分向左。"但是这句简短的话，并无任何进一步解释，没有引起我的注意，我不以为奇。

没有看到过这样的情况。

在上述的说明中，平行和细绳是围一根棒缠绕；但是这绝不是必需的，因为如果缠绕成一个中空的螺旋(可用一窄条有弹性的纸这样做)，中轴必然发生同样的扭转。因此，当一条不固定的卷须把自己卷成一个螺旋时，它或者沿它的全长变得扭转(这从不发生)；或者自由的顶端必然旋转，旋转的次数和螺旋数一样多。观察这个现象几乎没有必要，不过我粘贴小纸标于野黄瓜和方茎西番莲植株的卷须顶端来观察：当卷须将自己收缩成为相继的螺旋时，纸标便缓慢地旋转着。

我们现在能够理解，因缠住某个物体而两端固定的卷须中，必然向相反方向旋转的螺旋的意义。让我们假定一条缠住和卷须都向同一方向做成30次螺旋式旋转，必然结果将是它会在它自己的轴上扭转30次。这种扭转不仅需要相当的力量，而且，我由试验知道，在30圈完成以前便会使卷须断裂。这样的情况从未真正发生过。因为已经说过，当一卷须已经缠住支持物并且作螺旋收缩，向一个方向旋转的次数总是和向另一方向一样多，因而轴在一个方向的扭转正好被在相反方向的扭转所抵消。我们能进一步看出怎么会产生这种倾向，使后来形成的圈与先形成的方向相反，不论它们是向左或向右。取一根细绳，使之下垂，其下端固定于地板上；然后使上端(松松地握住那根绳)围着一支直立的铅笔作螺旋式缠绕，这将使绳的下部扭转；并且，在它已有足够的扭转之后，它将把自己弯成张开的螺旋，弯曲所取的方向和绕铅笔的方向相反，因而有一段竖直部分在两个相反螺旋之间。总之，我们已经把一条两端固定的卷须的通常螺旋排列加到绳上。螺旋收缩一般从缠住支持物的顶端开始；这些先形成的螺旋使卷须的中轴扭转，它必然使基部倾斜成一个相反的螺旋弯曲。我还愿举出另一事说明，尽管是多余的：当一个杂货商为顾客卷带子时，他不卷成单圈；因为，他如果这样做，带子将扭转自己和盘绕圈数一样多的次数；他是在他的拇指和小指上绕成8字形，因而他交错地做相反方向的旋转，这样带子便不致扭转。在卷须中也是如此，唯一的不同是，它们在一个方向作几个旋转，然后在相反方向做次数相同的旋转；但是在这两种情况下，本身扭转都可避免。

关于卷须的性质和动作的提要

在大多数卷须植物中，植株的幼嫩节间在宽窄不同的椭圆圈中旋转，和缠绕植物所做的一样。但其所画的图形，当仔细追踪时，一般形成不规则的椭圆形螺旋。旋转的速度在不同物种植株中是从1小时到5小时，因而在有些物种中比任何缠绕植物都更快些，并且从来不像许多缠绕植物需要5小时以上才完成一周旋转那样慢。旋转方向甚至在同一植物植株里是有变动的。在西番莲属中，只有一个物种植株的节间有旋转能力。葡萄是我所观察到的最弱的旋转植物，显然仅表现出这种能力和微迹。在悬果木属植株中，这种运动为许多长时间的停顿所间断。很少卷须植物植株能沿一根直立支棒作螺旋缠绕上升。虽然缠绕能力一般已经消失，或是由于植株节间的硬度或过短，由于叶子的面积，或是由于其他未知的原因，植株茎的旋转运动的作用在于帮助把卷须带到与周围物体相接触。

卷须本身也自发地旋转。这种运动在植株卷须幼嫩时便开始，最初很缓慢。海滨紫葳（*Bignonia littoralis*）植株的成熟卷须的运动比节间的慢得多。一般是节间和卷须用同样速度一起旋转。在白粉藤属、科比亚藤属和大多数西番莲属植物植株中，仅仅卷须旋转；在其他例证中，如无叶山黧豆（*Lathyruo aphaca*）植株，只节间运动，携带着不动的卷须；最后一类（这是第四类可能的情况），节间和卷须都不能自发地旋转，如大花山黧豆和山葡萄属植株。紫葳属、悬果木属、摩天菊属（*Mutisia*）和紫堇科的大多数植物植株中，节间、叶柄和卷须一起协调地运动。在每种情况下，生活条件必须是适宜的，植株的各个部位才能以完善的方式运动。

卷须靠它们全部长度的弯曲而旋转，除去敏感的顶尖和基部外，这两部分不运动或只微弱运动。这种运动和旋转节间的运动有相同的性质。根据萨克斯和得弗里斯的观察，无疑地是由于相同的原因，即一条纵带的快速生长，这种快速生长围绕卷须进行，依次地使每一部分弯向相对一面。因此，如果沿当时的凸面画一条线，那条线先转到侧面，以后凹面，以后侧面，最后重新回到凸面。这个试验只能试用于较粗的卷须，它们不受薄层干涂料的影响。顶端时常稍微弯曲或作钩状，这部分的弯曲从不翻转。在这方面，它们不同于缠绕枝条的顶端；后者不仅翻转它们的弯曲，或者至少变得周期性地伸直，而且把自己弯曲的程度比下部更大些。在大多数其他方面，卷须的动作好像它是几个旋转节间中的一个，这些节间靠依次地弯向罗盘的各点而一起运动。然而，在很多情况下，有一种不重要的区别，即弯曲的卷须由一个坚硬叶柄同弯曲的节间分隔开。大多数卷须植物植株中，茎或枝条的顶端伸出于卷须的着生点之上；并且它一般是弯向一侧，于是便避开卷须运行的旋转路线。在有些植物中，植株顶端枝条弯曲得不够避开卷须的路线，如同我们在野黄瓜属植株中所看到的，一旦卷须循它的旋转路线到达这一点，它使自己变硬并伸直，因而以一个奇妙的方式竖直上举越过障碍物体。

一切卷须对于和一物体接触都敏感，可是程度不同，并且弯向被接触的一侧。有些植物植株中，一次接触，非常轻微以致刚能移动那高度柔韧的卷须，便足够引起卷曲。无瓣西番莲植株具有我曾观察到的最敏感的卷须：一段重 0.02 格令(1.30 毫克)的白金丝，轻轻地放在顶端的凹面上，便使卷须弯成钩状，和一个重 0.031 格令(2.01 毫克)的软而细的棉线圈的效果一样。对于其他几种植物植株的卷须，重 0.062 格令(4.02 毫克)的线圈已经足够。无瓣西番莲植株的一条卷须顶端在一次接触后 25 秒内便开始明显的运动，在很多例证中是 30 秒以后。阿萨·格雷也看到葫芦科的独子瓜(Sicyos)植株的卷须在 30 秒内运动。其他几种植物植株的卷须，受到轻微摩擦时，在几分钟内运动：荷包牡丹属植株在半小时内；蒺藜属植株在 1 小时 15 分钟或 1 小时 30 分钟内；山葡萄属植株更要慢些。由一次接触而发生的卷曲运动继续增加一段相当的时间，然后停止；在数小时后卷须把自己伸展，重新准备动作。几种植物植株的卷须当由于悬挂于它们上面的极轻的重物而发生弯曲时，它们似乎变得习惯于这样轻微的刺激，将自己伸直，好像线圈已经移去。卷须无论接触到什么种类的物体，没有关系，只有接触到其他卷须和水点是显著的例外，如在无瓣西番莲和野黄瓜属植株的极其敏感的卷须中所看到的。然而，我曾看到芘秧植株的卷须暂时缠住过其他卷须，在葡萄藤植株的例证中也常见。

顶端呈永久性稍微弯曲的卷须，只在凹面上敏感。其他卷须，如科比亚藤属植株的（虽然具有指向一侧的角状钩）和两色白粉藤植株的卷须，各个表面都敏感。因而后一种植物的卷须，当在对面两侧受到力量相等的接触刺激时，不发生弯曲。摩天菊属植株卷须的下表面和侧面敏感，但是上表面不敏感。在有分枝的卷须中，几条须枝一样地动作；但是在亨白莲属植株中，侧生的锯状须枝没有像主枝那样早地获得（有充分的理由，已经解释）它的敏感性。我们因而看到，卷须的敏感性是一种特殊的而且局部化的能力。它与自发旋转的能力无关；因为由于一次接触所引起的顶端部分的卷曲丝毫不干扰旋转运动。在猫爪藤和它的近缘物种植株中，叶柄以及卷须却对接触敏感。

当缠绕植物植株接触到一根棒时，无例外地按它们的旋转运动方向围棒卷绕；但是卷须可以向任一侧卷曲，方向按照棒的位置和先受到接触的一侧而定。其顶端缠住物体时的动作显然不稳定，在性质上是波状的或蠕虫状，由野黄瓜植株的卷须缓慢地绕一根平滑支棒爬行的奇怪姿势可以推测出来。

由于植株卷须除少数例外都能自发地旋转，可以发问，为什么它们还会赋有敏感性？为什么当它们同一根棒接触时，不像缠绕植物那样绕它而卷曲？一个理由可能是它们在大多数情况下非常柔韧而且纤细,以致当被带到与任何物体接触时,它们几乎一定会屈服并被旋转运动拖向前去。此外,植株卷须敏感的顶端部分,据我所观察到的,没有旋转能力,不能用这种方法绕支持物卷曲。另一方面,缠绕植物的顶端自发地弯曲得比其他任何部分都多些。这对于植物的上升很重要,可以在一个多风的日子看出来。然而,有些种卷须的基部和比较坚硬的部分,可缠绕摆在它们路途中的支棒,这时的缓慢运动可能与缠绕植物的运动相类似。但是我对这一点注意得不够,并且难于区别开,究竟是一种由于极端迟钝的感应性所产生的运动,还是因下部受阻而上部继续向前运动所致。

卷须,当其成长仅达四分之三,或者甚至更早,但是不在非常幼嫩时期,便具有旋转能力和缠住它们所接触的任何物体的能力。这两种能力一般约在同一时期获得。当卷须完全长成时,二者都消失。但是在科比亚藤属和紫斑西番莲植株中,卷须在变得敏感之前,便开始无效地转旋着。在野黄瓜属植株中,它们在停止旋转之后和已下垂之后,仍保持着它们的敏感性一段时间;在这个位置上,即使它们能缠住一个物体,这样的能力起不了支撑茎部的作用。卷须这种非常完善地适应于它们所应执行的功能的器官,在它们的动作中检查出有多余处或不完善处,是罕见的事;但是我们看到,它们并不总是完善的,去假定任何存在的卷须已经达到完善的极限,会是轻率的。

有些卷须的旋转动作,在向光或背光运动时被加速或减慢。其他,如豌豆植株的卷须,似乎不在乎光的作用;另一些,稳定地从光向暗移动,这个动作在帮助它们在寻找支持物中起重要作用。例如,喇叭花藤植株的卷须背光向暗处弯曲,像一个风向标背着风一样。在悬果木植株中,仅其顶端扭转,并且转到使它们的较细须枝和钩与任何黑暗表面密切接触,或是进入裂缝和孔隙里。

植株的一条卷须在缠住一支持物后很短时期内,除去几个少有的例外,它收缩成一个螺旋,收缩的方式和因此得到的几个重要利益刚才已讨论过。关于这个问题在这里无需重述。植株的卷须在抓住一个支持物后不久,生长得粗壮得多,有时更加耐久,达到令人惊讶的程度,这表示它们的内部组织必然有很大的变化。偶然是缠绕支持物的部分,主要变得粗壮。例如,我曾看到 *Bignonia aequinoctialis* 植株的一条卷须的这个部分比起自由的基部来,加倍地粗壮和坚硬。未曾缠住物体的卷须,不久便皱缩和枯萎;但是在紫葳属有些物种植株中,它们脱节,并且像秋叶一样脱落。

没有仔细观察过许多种类卷须的任何人,可能会推测它们的动作都是一致的。较简单的种类是如此,它们只不过卷绕相当粗的物体,不论其性质如何[①]。但是紫葳属植株表现出在近缘物种植株的卷须之间可能有多样不同的动作。在我所观察的 9 个物种植株里,幼嫩节间都有力地旋转,卷须也旋转,但是在几个物种植株中进行得很微弱;最后,几乎所有的叶柄都旋转,虽然使用的力量不同。3 个物种植株的叶柄和所有物种植株的卷须都对于接触敏感。在最先描述的物种植株中,卷须在形状上像一只鸟的脚爪,它们不能帮助茎沿一根直立细棒螺旋式上升,但是它们能抓紧一根丫枝或枝条。当茎缠绕一根稍粗的棒时,叶柄所具有的轻度敏感性起了作用,整个叶子连同卷须围棒缠绕。在猫爪藤植株中,叶柄更为敏感,并且和前种的相比,有较大的运动能力,它们连同卷须一起能够非常结实地缠绕一根直立细棒,但是茎不能缠绕得那样好。杜氏紫葳植株有相似的能力,但是另外还生出气根,贴附于木材上。在管花紫葳(*B. venusta*)植株中,卷须变成伸长的三叉爪锚,它们有明显的自发运动,然而,叶柄已经消失了它们的敏感性。这个物种植株的茎能够缠绕一根直立支棒,并且在它的上升中得到卷须的帮助,后者交错地抓住支棒的上部,然后作螺旋式收缩。在海滨紫葳植株

① 然而,萨克斯(《植物学教科书》英译版,1875 年,280 页)曾经指出我所忽视的一点,即不同物种的卷须是适应于缠住不同粗度的物体。他进一步指出,在一条卷须已缠住一个支持物后,它随即加紧它的卷曲。

中,卷须、叶柄、和节间都自发地旋转;然而茎不能缠绕,它沿一根直立支棒上升是靠着用两条卷须一起抓住支棒上部,卷须随后收缩成一个螺旋。这些卷须的顶端发育成为吸盘。刺果紫葳植株的卷须具有和前种相同的运动能力,但是它不能缠绕一根支棒,虽然它能够靠一个或两个不分枝的卷须水平地抓住支棒而上升。这些卷须频繁地把它们尖的顶端伸入细微的裂缝或孔隙里,但是它们又总是被随后的螺旋收缩撤出来,这种习性由于我们的无知看来是无用的。最后,喇叭花藤植株的茎缠绕得不完善;多分枝的卷须以多变的方式旋转,并且背着光向暗处弯曲。它们的钩状顶端,甚至在还未成熟时,便爬入裂缝里;当其成熟时,会抓住任何微细的突出点。不论在哪种情况下,它们都发育出吸盘,并且这些吸盘具有包围最细纤维的能力。

在近缘的悬果藤属植株中,节间、节柄,和多分枝的卷须都自发地一起旋转。卷须不是整个地从光转开;但是它们的钝头钩状顶端把自己利落地排列于它们所接触的任何表面上,明显地要避开光线。它们动作做得最好的时候,是当每个须枝缠住少数几根细茎,如草秆,以后靠所有须枝的螺旋收缩将这些细茎集在一起成为坚固的一束。在科比亚藤属植株中,有细分枝的卷须单独旋转;须枝顶端成为锐利的、坚硬的、成对的小钩,两钩的尖端指向同一侧;并且它们靠适应很好的运动转向任何接触到的物体。须枝的尖端也爬入黑暗的裂缝或孔隙里。山葡萄属植株的卷须和节间具有微弱的旋转能力或者没有这种能力;卷须对于接触仅稍微敏感;它们的钩状顶端不能抓住细小的物体;它们甚至不去抓一个支棒,除非特别需要一个支持物;但是它们背着光转向黑暗,并且把它们的须枝铺开,与任何近于平坦的表面接触,发育出吸盘。这些吸盘由于分泌某种胶合物质而贴附于墙壁上,或者甚至贴附于光滑的表面上;这比喇叭花藤植株的吸盘所能起的作用更大。

这些吸盘的迅速发育是卷须所具有的最显著的特点之一。我们曾看到紫葳属的两个物种、山葡萄属,还有根据诺丁(Naudin)[①]葫芦科的 *Peponopsis adhaerens*，其植株的卷须都形成这样的吸盘。在 Anguria 种的植株中，卷须的下表面，在缠绕一根支棒后，形成一个粗松的细胞层，密切贴合于木材但不能粘住；而在亨白莲属的植株中，同样的细胞层是能黏着的。这些细胞突起的生长(除去 *Haplolophium* 属和山葡萄属的一个物种外)有赖于由接触得到的刺激。如此大不相同的三个科，像紫葳科、葡萄科和葫芦科竟然会有些物种的植株，它们的卷须有这种异常的能力，是件奇怪的事。

萨克斯把卷须所有的运动归因于变成凹面的相对面的迅速生长，这些运动包括有旋转运动、向光和背光弯曲、抗重力弯曲、由接触引起的弯曲和螺旋收缩。如此伟大的一位权威学者的意见，不能说是轻率的，不过我无法相信至少这些运动之一——由一次接触引起的弯曲——是这样促成的[②]。首先可以提出，转头运动不同于因接触而发生的运动，至少在有些例证中，同一条卷须是在不同生长时期获得这两种能力的；并且卷须的敏感部位不像有转头运动的能力。关于因一次接触所致的弯曲是否为生长的结果，我怀疑的主要理由之一是这种运动异常快速。我曾经看到无瓣西番莲植株的一条卷须的顶端，经接触后，在 25 秒内，时常在 30 秒内，便明显地弯曲；独子瓜(Sicyos)植株的较粗的卷须也是这样。它们的外表面在如此短的时间内竟然已经延长生长，包括结构的永久变化在内，是难以置信的。此外，根据这种看法，生长必然很快，因为如果接触要是强烈的话，顶端在两三分钟内便卷成有几个圈的螺旋。

当野黄瓜属植株的卷须顶端抓住一个光滑的支棒时，它在

---

① 自然科学年报，植物学部分，第四组，第 12 卷，89 页。

② 我想到，转头运动和由接触所引起的运动可能会不同地受到麻醉剂的影响，Paul Bert 指出的含羞草属(*Mimosa*)的睡眠运动和因接触所致的运动的情况也是如此。我试验豌豆和无瓣西番莲，但是我仅成功地观察到这两种运动都没有因为暴露于相当大量的硫酸乙醚 1.5 小时而受到影响。在这方面，它们同茅膏菜属(*Drosera*)有惊人的差异，无疑是由于后种植物中有吸收腺体存在。

数小时内便围棒卷绕两三圈,这显然是靠一种波状运动。最初我把这种运动归因于外表面的生长,因而做一些黑色标记,并且量过间距。但是我不能由此找到长度上的任何增加。因此,卷须由一次接触所致的弯曲,有赖于沿凹面的细胞的收缩作用,在这个和其他例证中似乎是可能的。萨克斯本人承认[①],"在同一支持物接触时,如果整个卷须的生长量不大,一个相当大的加速作用发生于凸面,但是凹面上一般没有伸长,或者甚至可能有一种收缩作用;在南瓜属(*Cucusbita*)植株的卷须例证中,这种收缩几乎相当于原有长度的三分之一。"在随后一段里,萨克斯似乎感到解释这种收缩作用有些困难。可是绝不要因为前面的叙述,以为我在阅读得弗里斯的观察后,对于已黏附的卷须的外侧拉紧的表面后来因生长而增加长度,存在着任何怀疑。这样的增长在我看来很符合于最初的运动与生长无关的看法。为什么一次轻微的接触竟然会使卷须的一侧收缩,以及按照萨赫斯所持的看法,它竟然会导致相反一侧的异常迅速的生长,我们都一样知道得不多。相信卷须受到接触时的弯曲是由于迅速生长的主要或唯一的原因,似乎是卷须在长到它们的全长后就消失了它们的敏感性和运动的能力。如果我们记得一条卷须的全部功能是适应于把顶部生长着的枝条向上引向阳光,这个事实是可以理解的。如果生长在枝条下部的老的已成熟的卷须,还保持着它缠绕一个支持物的能力,这会有什么用处呢?这会是无用的。并且我们已经看到关于卷须的许多密切适应和方式上的节约的事例,以致我们觉得有把握的,是植株在它们适当年龄——即青少年时期——会获得感应性和缠住一个支持物的能力,并且在超出适当年龄后不会无效地保留着这样的能力。

① 植物学教科书,1875年,779页。

▲ 著名花卉画家雷杜德（Pierre-Joseph Redoute，1759—1840）创作的“牵牛花”。

1862年12月，为了在寒冷的冬季仍然能继续研究攀援植物、食虫植物，达尔文甚至专门修建了一间精致的花房。1863年冬季，即使在病情恶化的情况下，达尔文仍然坚持到花房进行观察和记录。1875年，《攀援植物的运动和习性》出版，1882年再版。

▲ 达尔文的温室花房

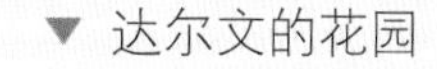

▼ 达尔文的花园

◀ 达尔文在花房

▲ 罗伯特·格兰特

▲ 罗伯特·詹姆森

达尔文在爱丁堡大学跟随生物学家罗伯特·格兰特（Robert Edmund Grant，1793—1874）和矿物学家罗伯特·詹姆森（Robert Jameson，1774—1854）学习植物学、动物学等知识，为其今后的研究工作奠定了坚实基础。

▲ 达尔文与植物学家、地质学家，同时精通昆虫学、矿物学和化学的约翰·亨斯洛（John Stevens Henslow）教授建立了深厚友谊，并成为亨斯洛教授最器重的弟子。达尔文在《自传》中这样描述与亨斯洛教授的友谊：“对我整个一生影响最大的一件事。”

▼ 达尔文选修了地质学课程，并跟随数学家、现代地质学奠基人之一的亚当·塞奇威克（Adam Sedgwick，1785—1873）对北威尔士进行了地质考察，学会了发掘、鉴定化石的方法。

达尔文与萨克斯（Julius von Sachs，1832—1897）、普菲费尔（Wilhelm Friedrich Philipp Pfeffer）等植物生理学家一直保持着良好的关系和通信联系，经常就学术问题进行讨论。

▲ 萨克斯

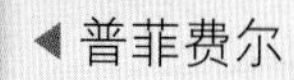

◀ 普菲费尔

▲ 林德利（John Lindley，1799—1865），英国植物学家，伦敦大学植物学系主席，著有《植物界》。达尔文在关于“缠绕植物的运动方向和速度”的描述时，依据的正是林德利在《植物界》一书中的系统排列。

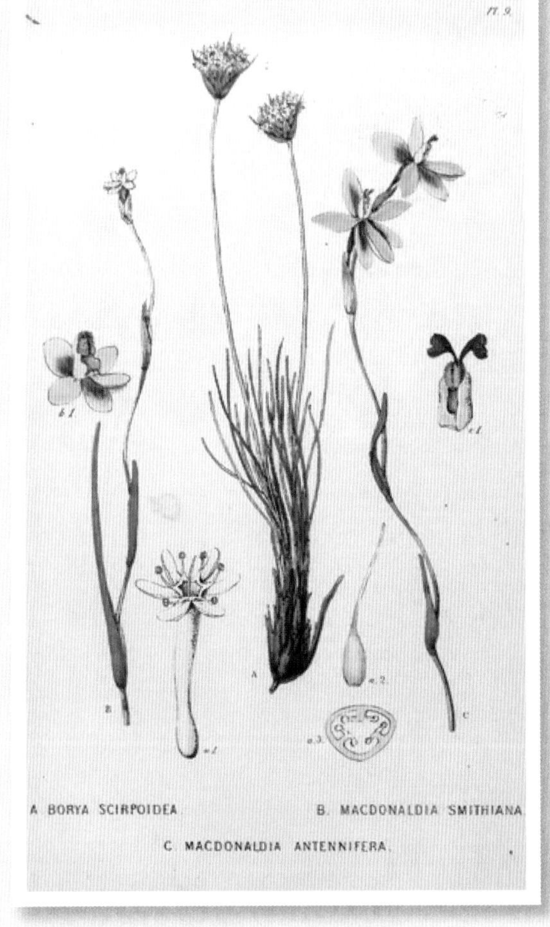

▲ 林德利著作中的植物插画

◀ 阿萨·格雷（Asa Gray，1810—1888），19世纪美国最著名的植物学家。他于1858年8月12日发表在《美国文理学院纪要》上的一篇关于葫芦科植物的卷须运动的文章，引起了达尔文对缠绕植物的兴趣。他们通信往来，随后达尔文对100多种不同植物进行了细致观察和记录，最终出版了《攀援植物的运动和习性》。

▶ 雨果·德佛里斯（H.de Vries,1848—1935），荷兰生物学家，他和德国的科伦斯（C.Correns）、奥地利的丘歇马克（E.Seysenegg-Tschermak）在1900年重新发现了孟德尔的遗传定律。达尔文在本书中多次引用德佛里斯关于植物扭转的研究。

▲ 丘园（Kew，皇家植物园）位于伦敦，是世界上最好的园艺植物园。这座历史超过300年的花园以其棕榈玻璃温室及英式中国宝塔而闻名。园内拥有5万多种植物，体现了英式园艺学的精深博大；而宏伟的棕榈玻璃温室则是人类历史上最早且最大的室内园艺造景，首届世博会的水晶宫便是以其为原型。

▲ 威廉·胡克

▲ 约瑟夫·胡克

威廉·胡克（William Jackson Hooker，1785—1865），皇家植物园首任园长，曾经多次寄植物标本给达尔文。他的园长职务后来由他的儿子、同样著名的植物学家约瑟夫·胡克（Joseph Dalton Hooker，1817—1911）接替了。

植物没有神经系统，但却能对单向环境刺激（地心引力、光照、化学物质浓度梯度、湿度梯度等）作出定向反应，这其中的机理吸引了许多生理学家进行研究，直到20世纪20年代发现了植物激素以后才逐渐对向性运动的机制有所理解。

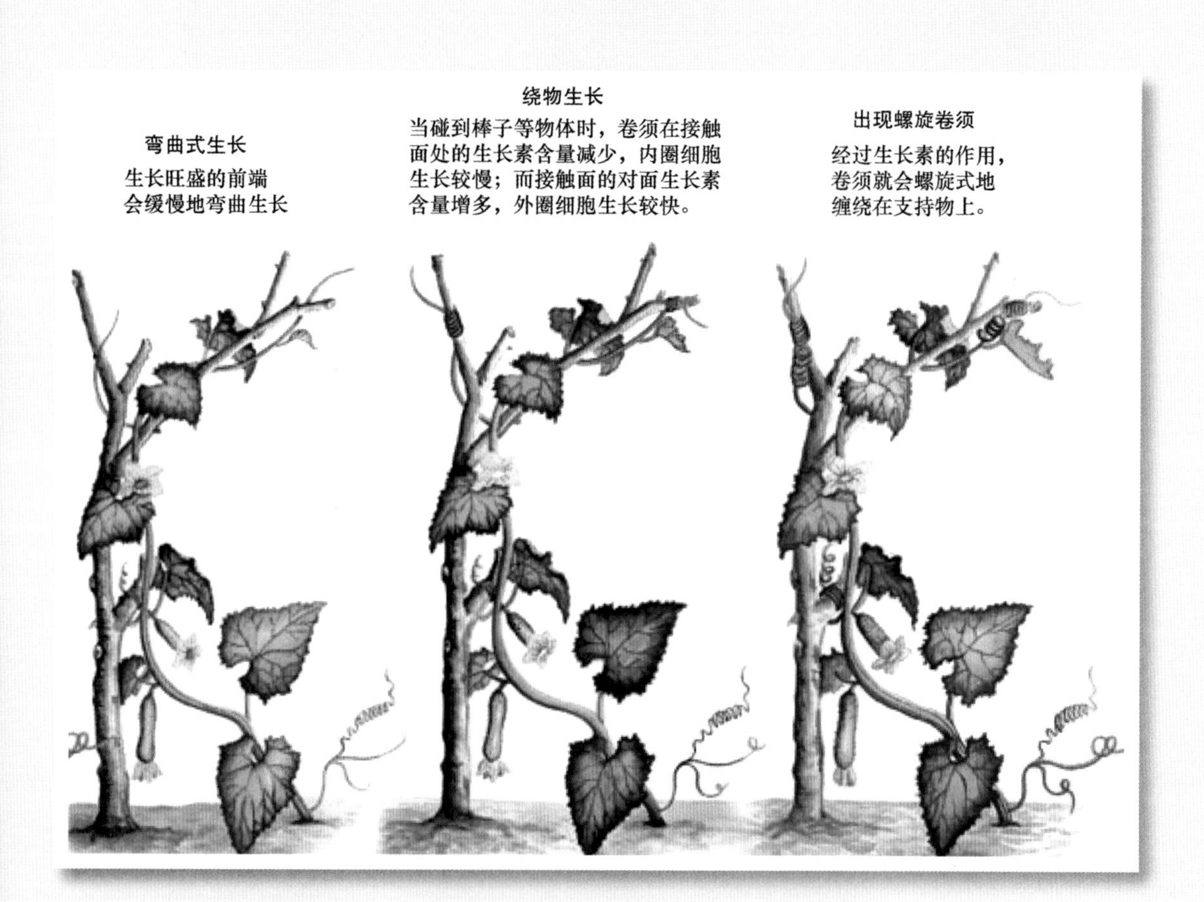

▲ 植物的向性运动

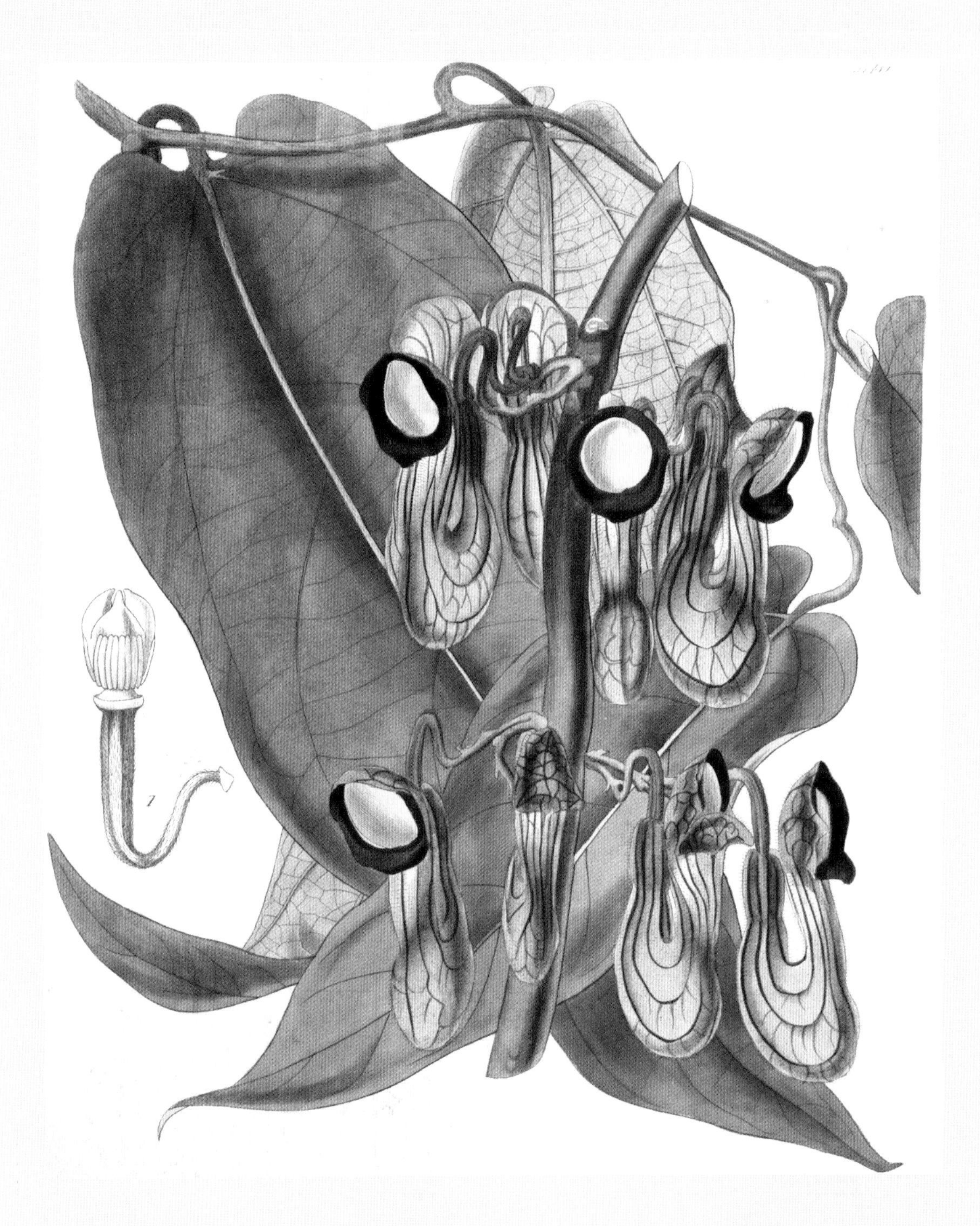

▲ 马兜铃［作者：菲奇（Walter Hood Fitch ，1817—1892），英国植物学画家，平版印刷师，英国丘园植物园专职画师。］

第 五 章

用钩和用根攀援植物——结论

• *Hook and Root—Climbers——Concluding Remarks* •

植物借助于钩而攀援，或仅攀爬于其他植物上——用根攀援植物，细根分泌的黏性物质——关于攀援植物一般结论，和它们发育的阶段。

用钩攀援植物 我在导言里曾提到过，攀援植物除开前两大类以外，也就是缠绕一个支持物的植物和具有感应性使它们能够用叶柄或卷须抓住物体的植物，还存在着另外两类，即用钩攀援植物和用根攀援植物。此外，如弗里茨·米勒曾经提过[①]，许多植物以一种更为简单的方式攀援或攀爬于灌木丛上，除去它们的主枝一般是长而柔韧的以外，没有任何特殊的帮助。可是，由下面的叙述可以猜测，有些例证中的枝条有避光的倾向。我曾观察过的少数用钩攀援植物，即猪殃殃（*Galium aparine*）、新西兰悬钩子（*Rubus australis*），和几种攀援的蔷薇，它们的植株没有表现出自发的旋转运动。如果它们具有这种能力，并且能够缠绕，便会被列入缠绕植物一类里；因为有些缠绕植物具有可帮助它们上升的棘刺或钩。例如，蛇麻草是一种缠绕植物，具有像猪殃殃属的同样大的倒刺钩；有些其他缠绕植物具有倒硬毛，并且双腺花属（*Dipladenia*）在它的叶基有一轮钝刺。我只见过一种卷须植物具有倒刺，即毛菝葜（*Smilex aspera*）；但是在南巴西和锡兰有几种用枝攀援植物便有倒刺；并且它们的枝条逐渐变成真正的卷须。少数几种植物显然仅依靠它们的钩而攀援，还进行得很有效，像新大陆和旧大陆上某些棕榈植物。甚至有些攀援蔷薇，其植株会沿一座高房屋的墙壁而攀升，如果墙上覆盖着一个棚架的话。我不了解这是如何实现的，因为一种这样的蔷薇植株的幼嫩枝条，当栽种在窗户上的一个花盆里，昼间向阳光而夜间背光进行不规则的弯曲，像任何普

◀曼格拉藤。

① 林奈学会会志，第9卷，348页。耶格尔（G. gaeger）教授曾恰当提到（In Sachen Darwin's，insbesondere contra wigand，1874年，106页）产生细而长的、并且柔韧的茎是攀援植物的重要特征。他进一步说，生长于其他较高物种或乔木之下的植物自然会发育成为攀援植物；并且这样的植物倾向于产生细而长的并且柔韧的枝条以伸向阳光以及避免为风所剧烈振动。

通植物的枝条那样。所以它们如何长到一个靠墙的棚架下面[①]是不易理解的。

用根攀援植物　很多种植物属于这一类，并且是极好的攀援植物。最显著的几种之一是曼格拉藤（*Marcgravia umbellata*）。据斯普鲁斯（Spruce）先生告诉我，在南美热带林里，它的茎靠着树干长成一个奇特的扁平形式；它随处发生缠绕根，贴附于树干上，并且，如果树干纤细，它们会完全包围它。当这种植物攀援到光下时，它形成圆柱状茎和大量枝条，上面覆盖着有锐尖的叶子，同那些仍是附着的茎上所形成的叶子在外形上迥然不同。叶子的这样惊人的区别，我也曾经在我的温室里一棵*Marcgravia dubia* 的植株上看到过。用根攀援植物，尽我已经看到的，即常春藤（*Hedera helix*）、匍匐榕（*Ficus repens*）和髯毛榕（*F. barbatus*），其植株没有运动的能力，甚至不能从光向暗运动。前面已经提到，球兰（*Hoya carnosa*）（萝藦科）是一种螺旋的缠绕植物，并且其植株也用小根黏附于甚至是平滑的墙壁。具卷须的杜氏紫葳植株发生一些根，它们弯曲半圈并黏附于细棒。和许多自发的旋转物种近缘的洋凌霄（*Tecoma radicans*）（紫葳科），其植株用小根攀援；然而它的幼嫩枝条运动的程度显然不能完全用光线变动的作用所能说明。

我没有仔细观察过很多用根攀援植物，但是能够提出一件稀奇的事。匍匐榕恰像常春藤一样，其植株沿墙向上攀援。当将其幼嫩小根轻压于玻璃片上时，我曾几次观察到，它们约在一周后释放出透明的液体小滴，丝毫不像由伤口流出的乳状液体。这种液体稍带黏性，但是不能抽成丝。它有不易干燥的异常特性：将大约半针头大的一滴在玻璃片上稍微摊开，并且我在它的上面散布一些细微沙粒。在热而干燥的天气里，将玻璃片放

---

① 阿萨·格雷教授曾在他对本工作的评论中解释这个难点（美国科学杂志，第40卷，1865年9月，282页）。他曾观察到密支根蔷薇（*Rosa setigera*）的健壮的夏季枝条强烈地倾向于进入黑暗的裂缝里避开光线，所以它们几乎一定能把自己按置于棚架之下。他又提到第二年春天形成的侧枝，它们从棚架伸出，在寻找光线。

在一个抽屉里暴露着，如果那液体是水，它一定会在几分钟内干掉；但是它在128天里仍然保持液态，严密地包围着每颗沙粒；我不知道它还会这样保持多久。有些其他小根留在玻璃片上与之接触10天左右或两周，所分泌的液滴现在更大些，并且很黏，以致它们能够抽成细丝；另外一些小根保持接触23天，它们牢固地粘在玻璃片上。我们因此可以断定，那些小根先分泌一种稍带黏性的液体，随后吸进水分（因为我们已经看到液体不会自己干掉），最后留下一种胶合物。当将小根从玻璃片上扯开，有淡黄色的物质颗粒留在玻璃片上，这种物质可部分地溶解于一滴二硫化碳里；而且这种有很高挥发性的二硫化碳因其所溶解的物质而大大地减少了挥发性。

因为二硫化碳软化变硬的生橡胶的力量很强。我把生长于糊泥沙的墙上的一棵植物植株的几条小根短时浸渍在这种液体里，后来我发现许多极细的透明、不黏、富于弹性的物质的丝，十分像生橡胶，附着于同枝的两群小根上。这些细丝的一端从小根的皮上开始，另一端固着于墙上的沙粒或灰泥粒。在这个观察中，不可能有什么错误，因为我在显微镜下把丝摆弄多时，用我的解剖针把它们拉出，再让它们弹回去。然而我再三地查看其他相同处理的小根，从未能再发现这些有弹性的细丝。因而我推测，该枝条一定是在某个临界时期曾从墙上稍微移开过，那时分泌物通过其中水分的吸收是在干燥过程中。榕属是富于生橡胶的，并且我们可以由刚才所举的事实来断定，这种物质先是处于溶液状态，最后变成一种无弹性的胶合物[①]，被匍匐榕用于胶合它的小根于任何它所上升的表面。我不知道其他靠小根攀援的植物是否分泌任何胶合物质；但是放在玻璃片上的常春藤的小根，勉强附着在玻璃片上，也分泌少许淡黄色物质。我还可

① 斯皮勒(Spiller)先生近来在关于印度橡胶或生橡胶的氧化问题一篇文章里指出(化学学会，1865年2月16日)，这种物质，当在一个细微的分散状态暴露于空气时，渐渐变成脆的树脂性物质，很像紫胶。

以补充说，*Marcgravia dubia* 植株的细根能够牢固地黏附于光滑的涂漆木材上。

香子兰（*Vamilla aromatica*）植株长出 1 英尺长直指向地的气根。根据莫尔的文章（49 页），这些根爬入裂缝，并且当它们遇到一条细的支持物体时，像卷须那样卷绕它。我所培植的一棵植物，其植株很年幼，还没有形成长根。但是放置一些细棒同那些根接触，在一天左右的时间内，它们一定向那一侧稍微弯曲，并且用它们的细根黏附于木材上；但是它们没有完全围绕那些棒，并且后来重新恢复它们的下行路线。这些根的少量运动可能是因为露光一面生长得比另一面快些，并不因为它像真正的卷须那样对接触敏感。根据莫尔的意见，石松属的某些物种植株的细根像卷须一样动作[①]。

关于攀援植物的结语

可以推测，植物变成攀援植物是为了到达阳光，并且把它们的大面积叶面暴露于光的作用以及大量空气的作用之下。同乔木相比，这是由攀援植物消耗意外少的有机物质实现的，而乔木还需用一根粗大树干支撑着大量的沉重枝条。因此，无疑地，在世界各地便存在着如此众多的攀援植物，它们分属于如此多的不同“目”中。这些植物曾分列于四类，不包括那些没有任何特殊帮助而仅攀爬于小灌木上的植物。用钩攀援植物是在所有攀援植物中效能最低的，至少在我们的温带国家里，并且仅能在纠缠的植物丛里攀援。用根攀援植物极完善地适应于沿岩石的裸

---

① 弗里茨·米勒告诉我，他在南巴西的森林里曾看到许多黑色的绳索，直径从数分至 1 英寸，螺旋缠绕于大乔木的树干上。初见时他以为它们是依树上升的缠绕植物的茎；但是他后来发现，它们是生长于上面枝条上的一棵喜林芋属（*Philodendron*）植物的气根。所以这些根好像是真正的缠绕植物，虽然它们使用它们的能力下降，而不是像缠绕植物上升。喜林芋属的某些其他物种的气根竖直下垂，有时长逾 50 英尺。

面或树干上升；然而，当它们攀援树干时，它们被迫多留于阴处，它们不能穿越枝条从而覆盖一棵乔木的全部树冠，因为它们的细根需要同一个稳定的表面有长期持续的密切接触以便附着于其上。缠绕植物和具有敏感器官的植物，即用叶攀援植物和用卷须攀援植物，总合起来共两大类，在数量上和在它们机理的完备上都远超过前两类攀援植物。那些具有自发旋转能力的和缠住它们所接触的物体的能力的植物，容易穿越枝条，并稳固地攀爬于一个有日光照射的广阔面积上。

包括有缠绕植物、用叶攀援植物和具卷须植物的各个大类在一定程度上相互逐渐转变，并且几乎全部都具有同样显著的自发旋转的能力。可以问，这种渐变过程是否表示那些属于一个亚类的植物在长年岁月里实际经历过的状态，或者能够从一个状态转变到另一个状态？例如，是否任何具卷须植物取得它现有的结构而早先并未曾作为一个用叶攀援植物或一个缠绕植物而存在过？如果我们仅考虑用叶攀援植物，可令人信服地联想到它们原先是缠绕植物。所有这类植物，其植株的节间都毫无例外地像缠绕植物那样以完全同样的方式进行旋转；有少数植物仍然能够很好地缠绕，而许多其他物种的植株以一个不完全的方式缠绕。有些用叶攀援植物的属同简单缠绕植物的属是密切近缘的。同时也应该注意到，如果不与引导叶子同一个支持物相接触的节间旋转运动联系起来，那么叶子具有敏感的叶柄和随之缠住一个物体的能力，对于一棵植物所起的作用便会差得多。虽然一棵攀爬植物，如耶格尔教授曾叙述过的，无疑会很容易靠它的叶子栖止于其他植物上。另一方面，植株的旋转节间，没有任何其他的帮助，便足够使植物有攀援的能力；所以，看来可能用叶攀援植物在大多数情况下早先是缠绕植物，随后变得能够缠住一个支持物；并且，我们即将看到，这还是一个很大的额外利益。

根据相似的理由，可能一切卷须植物原先是缠绕植物，就是说它们是具有这种能力和习性的植物的后裔。因为大多数植株的节间能够旋转；并且在少数物种中，植株柔韧的茎仍然保持沿一条直立支棒螺旋缠绕的能力。卷须植物比用叶攀援植物已经经历了较多的变态，所以它们的假定的旋转和缠绕的原始习性比用叶攀援植物的例证中更常会消失或修饰，这是无可惊异的。在 3 个有卷须的大科里，这种习性消失得最明显，即葫芦科、西番莲科和葡萄科。在第一个科里，其植株节间能够旋转；但是我没有听说有缠绕的种类，有一个例外是 *Momordica balsamina*（苦瓜属）（根据帕尔姆 29 页，52 页），其植株仅是一种不完全的缠绕植物。在其余两科里，我不能说所有缠绕植物的植株节间难得有旋转的能力，这种能力限于卷须。然而无瓣西番莲植株的节间的这种能力很完善，葡萄植株的节间略差一些；因而在所有较大的具卷须的类属中都有些成员至少还保留着那假定的原始习性的痕迹。

根据这里所提出的观点，不禁要问，这些原是缠绕植物的物种为什么在这样多的类群中改变为用叶攀援植物或具卷须植物？这对于它们有什么好处？为什么它们不仍旧是简单的缠绕植物？我们能够看出几种理由。对于一株植物来说，获得一条有短节间的较粗的茎，上面着生许多叶或大形叶，可能是有利的，这样的茎是不适宜于缠绕的。在刮风天气，任何观察缠绕植物的人将看到，它们容易从它们的支持物上被风吹落。而卷须植物或用叶攀援植物就不是如此，因为它们会用远为有效的运动方式迅速而稳固地缠住它们的支持物体。在那些仍能缠绕的，但同时具有卷须或敏感叶柄的植物中，如紫葳属、铁线莲属和旱金莲属的有些物种，其植株很容易观察到它们缠住一条直立支棒，要比简单的缠绕植物有效得多。卷须由于具有这种抓住一个物体的能力，能够长得长而细，因此少量的有机物质消耗于它们的发育中，而且它们还能扫过周围广阔的圆圈去寻找一个支持物。卷须植物，自从它们开始生长，便沿着任何邻近的灌木丛的外侧枝条上升，它们因而经常充分暴露于阳光下；相反地，缠绕植物最适宜于沿裸露的茎上升，一般不得不在阴处开始。在高而密的热带林中,缠绕植物可能比大多数种类的卷须植物更容易成功;但是大多数缠绕植物,至少在我们温带里,由于它们旋转运动的性质,不能够沿粗干上升。如果树干是分枝的或具有小枝,卷须植物反而能够做到,如果树皮粗糙,有些物种能够沿之上升。

由攀援所得到的利益是消耗尽可能少的有机物质而得到光照和大量空气。现在,在缠绕植物植株中,茎比绝对必要的长度要长得多。例如,我量过一棵已经升高恰达 2 英尺的菜豆植株的茎,其长度达 3 英尺;在另一方面,一棵豌豆植株已经由它的卷须帮助上升到同样的高度,它的茎仅比所达的高度稍长一些。茎的这种节约对于攀援植物的确是一种利益。我这样推断,是根据那些仍能缠绕但有可缠住物体的叶柄或卷须帮助的物种植株,它们一般比简单的缠绕植物做成更松散的螺旋。此外,得到这样帮助的植物,在一个方向卷绕一两次后,一般上升一段直的距离,然后逆转它们的螺旋方向。依靠这种方法,它们用同样长度的茎,上升到达的高度远比靠其他可能的方法更高些;而且它们安全地这样进行着,因为它们相隔一段距离使用可缠住物体的叶柄或卷须来固定它们自己。

我们已经看到,卷须是由几种在变态状况下的器官构成的,即叶子、花梗、枝条,或者还有托叶。关于叶子,它们变态的证据很充分。在紫葳属的幼嫩植物植株中,下部叶子时常保持不变,而上部叶子的顶端小叶变成完善的卷须;在悬果木植株中,我曾看到卷须的一条测生须枝被一片完全的小叶所代替;另一方面,在巢菜(*Vieca sativa*)植株中,小叶有时为卷须须枝所代替;并且,还有许多其他这样的事例能够列举出来。相信物种渐变的人不会满足于单纯地确定不同种类卷须的同源性质,他将乐于尽可能地了解叶子、花梗等通过什么实际的步骤使它们的功能完全改变,达到作为仅仅能卷缠的器官。

关于整个一类用叶攀援植物,已有充分证据提出证明,一个仍然保持叶子功能的器官可以变成对于接触敏感,从而抓住一个邻近的物体。有些用叶攀援植物，真正的叶子能够自发地旋转；而且它们的叶柄，在缠住一个支持物体后，长得较粗较强壮。我们因而看到叶子可能获得卷须的一切主要的和特有的特性，即敏感性、自发运动和随后增加的强度。如果它们的叶片败育，它们便会形成真正的卷须。而且在这种败育过程中，我们能够追寻出每个步骤，直到卷须的原始性质没有留下丝毫踪迹为止。在摩天菊植株中，卷须在形状上和颜色上酷似寻常叶子的叶柄，连同小叶的主脉，但是叶片的残迹仍旧偶然保留着。在紫堇科的 4 个属植株中，我们能够追寻出完整的变态步骤。用叶攀援的洋紫堇，其植株顶端小叶并不小于其他小叶；用叶攀援的瓣包果植株的叶子则大大地缩小；蔓紫堇（既可称为用叶攀援植物又可称为具卷须植物）植株的叶子或者缩小到微小的体积或者叶片完全败育，所以这种植物实际上是处于过渡状态；最后，荷包牡丹属植株的卷须是完全典型化的。因此，如果我们能够同时观察荷包牡丹属的所有后裔，我们几乎一定能看到上述 3 个属现在所表现的一系列变态。在三色金莲花植株中有另一种过渡形式，因为在幼茎上首先形成的叶子完全缺乏叶片，应当称其为卷须，而后成的叶子具有十分发达的叶片。在所有情况下，叶子中脉获得敏感性似乎同它们的叶片败育有着密切的联系。

由这里提出的观点来看，用叶攀援植物原先是缠绕植物，并且具卷须植物（当由变态叶形成时）原先是用叶攀援植物。所以后者在性质上是介于缠绕植物和卷须植物之间，并且应当同两者都有联系。情况就是如此。例如，金鱼草族、茄属、青藤属和百合属，其植株若干用叶攀援植物都在同科中以及甚至在同属里有缠绕植物的近亲。在米甘菊属植株中，存在有用叶攀援的和缠绕的物种。铁线莲属的用叶攀援物种和具有卷须的锡兰莲属是很近缘的。紫堇科包括有用叶攀援植物和具卷须植物的近缘属。最后，紫葳属的一个物种同时既是用叶攀援植物又是具卷须植物；并且其他的近缘物种是缠绕植物。

另一种卷须由变态的花梗构成。在这种情况下，我们同样地有许多有趣的过渡状态。葡萄藤(更不必说倒地铃)植株提供我们在一条发育完全的卷须和一条花梗之间的各种可能阶段,这条花梗生满花朵,然而具有形成花卷须的须枝。当花梗生有少数花朵,我们知道有时是这样,而且仍旧保持缠住一个支持物体的能力时,我们看到,所有由花梗变态而形成的卷须的一个早期状态。

根据莫尔及其他作者的意见,有些卷须由变态的枝条构成。我没有观察过任何这样的例证,不了解它们的过渡状态,不过这些曾由弗里茨·米勒详细地描述过。冠子藤属也表明这样一种过渡是可能的;因为其植株的枝条能够自发旋转并且对于接触敏感。因此,如果冠子藤植株的有些枝条上的叶子要是败育的话,这些枝条便会变成真正的卷须。有些枝条是独自这样变态的,而其他保持不变。这没有什么不可能,因为我们曾经看到菜豆属的某些变种中,有些枝条细而柔韧并且能够缠绕;而在同株植物上的其他枝条则是坚硬的,并且没有这种能力。

如果我们问,一条叶柄、一根枝条或花梗最初是如何变得对于接触敏感的,并且如何获得弯向接触一侧的能力,我们得不到肯定的答复。然而霍夫迈斯特(Hofmeister)[①]所做的一个观察很值得注意,即一切植物的枝和叶,当其幼嫩时,经振动后能够运动。克纳也发现,如我们曾经看到的,很多植物的花梗,如果经振动或轻擦能弯向这一侧。并且,幼嫩的叶柄和卷须,无论其同源性质如何,在受到摩擦时运动。所以这好像攀援植物已经利用了并且完备了一种分布广泛的原初的能力,这种能力,就我们所知,对于普通植物是没有用处的。如果我们进一步问,攀援植物的茎、叶柄、卷须以及花梗最初是如何获得它们的自发旋转能力,或者更确切地说,即陆续地弯向罗盘的各点的能力,我们又无话可说了。或者至多只能说,自发的和由于各种刺激所致

① Cohn 在他的著名论文“植物界中的收缩组织”里引用过,见舒拉伊学会会报(Abhandl der Schleisischen Gesell),1861 年,第 1 期,35 页。

的运动能力在植物里很普通，远超过未曾研究这个问题的人们所一般想象的。我已经提出过一个值得注意的事例，即扭柄藤，其植株的幼嫩花梗在很小的圆圈内自发旋转，而且当轻微摩擦时弯向接触的一侧；但是这种植物肯定没有由这两种微弱发展的能力得到利益。严格检查其他幼嫩植物的植株，可能会看出在它们的茎、叶柄或花梗里有轻微的自发运动，以及对于接触的敏感性[①]。我们至少看到，扭柄藤属由于它的已有能力稍微增大，可以首先达到用它的花梗缠住一个支持物，然后由于有些花的败育（如葡萄属或倒地铃属）而获得完善的卷须。

还有另一件有趣的事值得注意。我们曾看到有些卷须起源于变态的叶子，另一些起源于变态的花梗。因此，从它们的性质上来说，有些是属于叶子的，有些是属于中轴的，因而可以预期它们会在功能上显出某些区别。情况并不是这样。相反地，它们在它们的几个有特征性的能力方面表现出完全的一致性。这两类卷须都几乎用同样的速度进行自发旋转。当两者接触时，都迅速地弯向接触的一侧，并且随后恢复过来，而且能够重新动作。两者的敏感性或者仅限于一侧或者扩展到整条卷须。两者都为光所吸引或为其所排斥。后述的特性在喇叭花藤植株的叶卷须和山葡萄属植株的轴卷须中都见到。这两种植物植株中的卷须顶端，在接触后，膨大成为吸盘，这些吸盘靠分泌某种黏合物质而开始有附着力。两类卷须，在缠住一个支持物体后不久，作螺旋收缩，它们以后大大地加粗和加强。我们在这些相同的各点之外再补充一个事实，即土豆蔓的叶柄在缠住了一个支持物后，呈现了主轴的最特殊性质之一，即一个闭合的木质导管环。这时我们很可能要问，叶器官和轴器官之间的区别能否是

---

① 我现在发现，这样轻微的自发运动已经知道出现了。例如西洋油菜（*Brassica napus*）植株的花茎和许多植物的叶子里，见萨克斯的《植物学教科书》，1875年，766，785页。弗里茨·米勒也在耶那汇刊（Jenaischen Eeitscrift，第5卷，第2期，133页）上指出，泽泻属和亚麻属的茎，当其植株幼嫩时，是像攀援植物的茎似地继续向罗盘的各点做微弱的运动。

普通所想象的一种非常重要的性质[1]。

我们曾试图追溯攀援植物起源中的一些步骤。但是,可能会想,在一切生物所处的生活条件的无止境的变迁中,某些攀援植物会丧失攀援的习性。我们有一个恰当的例子,就是,属于缠绕大科的某些南非植物在它们的原产地从不缠绕;而当栽种于英国时,便恢复这种习性。在用叶攀援的焰铁线莲(*Clematis qlammula*)中,并且在其卷须的葡萄中,我们没有看到攀援能力的消失,但是仅看到旋转能力的残迹。这种旋转能力对于一切缠绕植物是必要的,并且对于大多数攀援植物是非常普通,也是非常有利的。在属于紫葳科的洋凌霄中,我们看到旋转能力的一个最后而可疑的遗迹。

关于卷须败育的问题。根据诺丁的报告[2],西葫芦(*Cueurbito pepo*)的某些栽培变种或者完全消失了这些器官或者具有它们的半畸形代表。在我有限的经验中,我仅在蚕豆植株中看到卷须自然败育的一个明显例证。我相信蚕豆属的所有其他物种植株都具有卷须;但是蚕豆植株挺硬,足以支持它自己的茎,而且在这个物种中,在叶柄的顶端有一条小而尖的长约 1/3 英寸的丝状体伸出。根据同源来说,这里应有一条卷须存在,那么这条丝状体可能就是卷须的残迹。这样推论可能较有把握,因为在其他具卷须植物的幼嫩和不健康样本中,相似的残迹也偶然可以观察到。在蚕豆植株中,这些丝状体有各种不同形态,这正是残留器官中常见的情况;它们或者是圆柱状,或者是叶状,或者上表面有深沟。它们没有保留旋转能力的任何遗迹。有一件奇怪的事,就是许多丝状体,当它们成叶状时,在它们的下表面具有像在托叶上的暗色腺体,这些腺体分泌一种甜的液汁,因而这些残留器官曾被稍微利用过。

---

① 斯潘塞(Spencer)先生近来强调,在植物的叶器官和轴器官之间不存在重要的区别(生物学原理,1865 年,37 页)。

② 自然科学年报,第四组,植物部分,第 6 卷,1865 年,31 页。

另一个同源的事例,虽然是假定的,还是值得提出。山黧豆属(*lathyrus*)的几乎一切物种的植株都具有卷须;但是禾叶山黧豆属(*L. nissolia*)却没有。这种植物所具有的叶子使每个曾经看过的人感到惊奇,因为它们很不像所有普通蝶形花植物的叶子,而是像禾本科植物的叶子。在另一种无叶山黧豆(*L. aphaea*)的植株中,发育不完善的卷须(因为它不分枝,而且没有自发的旋转能力)取代叶子,叶子在功能上为大型托叶所取代。现在如果我们假定无叶山黧豆植株的卷须变为扁平和叶状,像蚕豆的小的残留卷须似的,以及那大型托叶由于不再需要也同时缩小,它们就会和禾叶山黧豆完全一样,我们对于后者的奇异叶形便可立即理解。

为了有助于总结关于具卷须植物起源的上述看法,可以补充一点,禾叶山黧豆可能是一种原为缠绕植物的后裔;后来它变成用叶攀援植物,其植株的叶子以后逐渐变为卷须,同时通过补偿法则[①],托叶大大地增大。在一段时期以后,卷须失掉它们的须枝而变为简单的卷须;随后它们消失其旋转能力(在这种状况下,它们像现存的无叶山黧豆的卷须),并且以后消失它们的卷缠能力而且变成叶状,不能再称为卷须。在这个最后阶段(现存的禾叶山黧豆阶段),以前的卷须会恢复叶子的原有功能,并且那些近来很发达而现在不再需要的托叶就会缩小体积。如果物种在许多世代的过程中发生了变态,几乎所有博物学家现在都这样承认,那么,我们可以断定禾叶山黧豆曾经经历了一系列的变化,在某种程度上正像这里扼要提到的。

在攀援植物的自然历史中,最有趣的特点是它们表现出的与其需要有明显联系的种种运动。很不相同的器官——茎、枝、花梗、叶柄、叶和小叶的中脉,显然还有气根——都有这种能力。

---

① 摩坤·坦登(Morqun-Tandon)在《普通畸形学》一书(1841 年,156 页)中提出一种畸形豆的事例:在这种豆中,这样性质的补偿作用突然实现;因为叶子完全消失,而且托叶长到很大的体积。

一条卷须的第一种动作是把它自己摆在一个适当的位置。例如，科比亚藤属植株的卷须首先直立上升，它的须枝叉开而且顶端的钩向外弯曲；植株茎顶的幼嫩枝条同时弯向一侧，这样可以让出道路。另一方面，铁线莲植株的嫩叶准备动作时把自己暂时向下弯曲，这样可以起爪锚的作用。

第二，如果一棵缠绕植物或一条卷须因任何意外而处于一个倾斜的位置，它不久即向上弯曲，虽然与光隔绝。起引导作用的刺激无疑是重力的吸引。安德鲁·奈特指出，萌发中的植物就是这样。如果将任何普通植物的一个枝条倾斜地插入暗处的一杯水内，顶端将在数小时内向上弯曲；如果接着将枝条的位置翻转过来，那下弯的枝条便翻转它的弯曲；但如果是一棵草莓的匍匐枝，它没有向上生长的倾向，受到同样的处理，它将取重力的方向向下弯曲，而不是抗重力方向。像草莓似的，齿贝希贝（*Hibbertia dentata*）植株的缠绕枝条一般也是如此，它们横向地从一棵灌木攀援到另一棵灌木。这些枝条，如果放在一个向下倾斜的位置，仅表示微弱的向上弯曲倾向，有时毫无这种倾向。

第三，像其他植物一样，攀援植物弯向光源的运动与引起它们旋转的内向弯曲很相似，以致它们的旋转运动，在向光或背光行动中常被加速或减弱。另一方面，在少数例证中，卷须弯向黑暗。

第四，自发旋转运动与任何外界刺激无关，但是要依这个部位的幼嫩情况和壮健程度而定。这自然又有赖于适合的温度和其他适宜的生活条件。

第五，不论卷须的同源性质如何，它们和用叶攀援植物的叶柄或叶尖，显然还有某些根，当经接触时都具有运动的能力，并且迅速地弯向被接触的一侧。极端微弱的压力往往就足够了；如果压力不是永久的，运动的部位把自己伸直而且重新准备在受到接触时弯曲。

第六，也是最后一点，卷须在缠住一个支持物后不久，但不是在一个仅是暂时的弯曲之后，作螺旋收缩。如果它们未曾同任何物体接触过，最后作螺旋收缩，这是在停止生长之后。但是在这种情况下，这种运动是无效的，并且只在过了相当长的一段时间之后才发生。

关于实现这些种运动的方式，根据萨克斯和 H. de Vries 的研究，几乎无可怀疑的是，它们是由于不均匀的生长。但是由于已经提出的理由，我不能相信这种解释可以应用于由一个轻微的接触所致的迅速运动。

最后，攀援植物数量众多，足够成为植物界里的一个显著特色，尤其是在热带森林里。Bates 先生谈到，美洲有极其丰富的树栖动物；而根据莫尔和帕尔姆的意见，那里也同样有丰富的攀援植物；并且，在我所检查过的卷须植物里，发育最完善的种类原产于美洲，即紫葳属、悬果藤属、科比亚藤属和山葡萄属的若干物种。但是甚至在我们温带地区的杂木林里，攀援植物的物种和个体的数目也是可观的，把它们统计一下就可以看出来。它们属于许多而且大不相同的目。为了得到它们在植物系统中的分布的一些大致概念，我根据莫尔和帕尔姆所提出的名单（我自己补充少数，一位经验丰富的植物学家，无疑能够补充更多些），注意到林德利的《植物界》一书中所有的科都包括有缠绕植物、用叶攀援植物、或具卷须植物。林德利把显花植物分为 59 个群落；其中不少于 35 个包括有上述各种攀援植物，用钩和用根攀援植物不计在内。还必须补充少数几种隐花植物。当我们考虑到这些植物在系统中的位置分隔很远时，并且当我们知道在几个最大的目（如菊目、茜草目、玄参目、百合目等等目）中，仅两三个属里的物种具有攀援能力时，我们不得不作出这样的结论，即大多数攀援植物所依赖的旋转能力，在植物界中几乎每种植物里都是内在的，虽然没有发展起来。

我们时常含混地谈到，植物有别于动物是由于其缺乏运动能力。这倒不如说，植物只有当运动对它们有利的时候才能获得并且表现这种能力。这还是比较稀有的事，因为它们固着于地面，并且食物是由空气和雨水带给它们的。当我们注意到一种较完善的卷须植物时，不难看出植物在机体组成的等级上可达到何等的高度。它首先把它的卷须摆在易于行动的位置，如水螅安置它的触角似的。如果卷须放置的位置有所移动时，它会受到重力的影响而纠正自己。它受到光的作用，会向光或背光弯曲，或者对它没有反应，取决于哪样对其是最有利的。在若干天内，植株的卷须或节间，或二者，用稳恒的动作自发地旋转着。卷须碰到了某个物体，便迅速地卷绕着而且牢固地缠住它。在若干小时的过程中，它收缩成螺旋，把茎向上拉，并且做成一个完善的弹簧。一切运动现在停止了。这种组织靠着生长，不久变得非常强固和耐久。卷须已经完成它的工作，并且完成得很漂亮。